U0261191

网络
大数据处理
BIG 研究及应用

DATA

邹柏贤◎著

中国电力出版社
CHINA ELECTRIC POWER PRESS

内 容 提 要

大数据带来的信息风暴正在改变我们的生活、工作和思维方式。本书探讨了 IP 网络流量数据和图像等数据的处理，对这些数据的处理研究有助于网络规划和提高网络的性能，同时对图像增强、编码和大数据的处理研究都具有重要意义。本书主要包括网络流量、数字图像的处理和安防监测系统信号处理三方面的内容，介绍了作者在网络流量分析和建模、流量预测、流量的异常检测及预警、图像增强、图像稀疏编码和特征提取等方面提出的新方法，以及对安防监测信息的特征提取和识别方法的研究。

本书可以作为计算机科学与技术、数字图像处理及信号处理等相关领域师生、科技人员的参考书，也可供对大数据感兴趣的科研人员和工程技术人员阅读参考。

图书在版编目（CIP）数据

网络大数据处理研究及应用/邹柏贤著. —北京：中国电力出版社，2019.7
ISBN 978 - 7 - 5198 - 3273 - 5

Ⅰ. ①网… Ⅱ. ①邹… Ⅲ. ①互联网络—数据处理 Ⅳ. ①TP393.4

中国版本图书馆 CIP 数据核字（2019）第 115756 号

出版发行：中国电力出版社
地　　址：北京市东城区北京站西街 19 号（邮政编码 100005）
网　　址：http：//www.cepp.sgcc.com.cn
责任编辑：乔　莉（010-63412535）
责任校对：黄　蓓　马　宁
装帧设计：赵姗姗
责任印制：钱兴根

印　　刷：北京九州迅驰传媒文化有限公司
版　　次：2019 年 7 月第一版
印　　次：2019 年 7 月北京第一次印刷
开　　本：710 毫米×1000 毫米　16 开本
印　　张：13.25
字　　数：227 千字
定　　价：48.00 元

前　言

大数据作为目前全球科技创新的主要领域，正迎来百花齐放的繁荣盛景，不仅在新兴互联网高科技企业可以最直接体验到大数据价值，而且在传统行业都已经开始应用大数据。例如，互联网高科技企业利用大数据研究用户行为；银行利用大数据进行风险管理；电力企业利用大数据进行负载预测，根据预测结果优化电能的储蓄和调配；交通部门利用大数据预测春运客流，提前调度资源。大数据已对各行业产生重大影响，基于大数据的决策已经成为现代社会各行业运行的基础。网络环境下的大数据已经成为数据传输的主要信息载体，无论是经济发展领域还是军事、文化发展领域，网络大数据都发挥着重要作用。大数据的基础在于数据的处理，如果掌握了数据处理的技术，将极大促进大数据的应用。

本书是依据作者近 20 年来在计算机专业领域的主要研究成果编写而成，内容涉及计算机网络、数字图像处理、概率、统计、机器学习、优化算法等知识。本书力求方法描述具体，过程分明，条理清晰，语言朴实，数据翔实，体现完整的研究思路。

本书主要内容可以分为网络流量处理、数字图像处理，以及安防监测系统信号处理三部分。其中，第 1 章为三部分的概述，第 2～5 章为网络流量处理部分，第 6～8 章为数字图像处理部分，第 9 章为安防监测系统信号处理。

（1）网络流量处理部分。第 2 章介绍一种网络流量的平稳化处理方法。由于网络流量的不确定性，为提高流量建模的准确性，需要对流量进行预处理。第 3 章提出一种网络流量建模方法。在对流量观测值进行平稳化处理之后，根据对流量观测值特征，恰当选择数学模型，进行流量预测，导出流量过载的预警方法。第 4 章介绍一种网络流量异常检测方法。通过平稳化处理网络流量观测值序列，然后建立时间序列模型，通过一个新的统计量检测流量异常，检测方法效果良好。第 5 章介绍多协议标签交换网络中的流量工程技术，并提出一种标记交换路径的计算方法。

（2）数字图像处理部分。第 6 章介绍各种数字图像稀疏编码模型，将各种建模方法分为模拟视觉系统模型、统计分析模型两大类，提出一种新的稀疏编码方法，即基于赫布规则的稀疏编码基向量计算方法。第 7 章概述数字图像轮廓的提取方法，分析比较这些方法的主要特点，对数字图像的轮廓提取方法的下一步研究进行展望。第 8 章介绍一种对传统的图像边缘 Prewitt 检测方法进行改进的方法边缘提取方法。

（3）安防监测系统信号处理部分。第 9 章首先综述光纤振动信号的各种特征提取方法和识别方法，将特征提取方法分为基于小波分解的特征提取法、基于其他分解模型的特征提取方法和基于波形统计参数的特征提取法三类，将对光纤振动信号的识别方法分为经验阈值识别方法、支持向量机识别方法和神经网络识别方法三种。对挖掘机挖掘、人工挖掘、汽车行走、人员行走和噪声这五种光纤振动信号的短时过零率和能量特征进行可视化分析，提出一种实验样本的选取方法；然后采用二分类任务决策树模型和极速学习机算法，分四个阶段完成光纤入侵事件的识别。这样既提高了事件的正确识别率，又大大缩短模型训练时间。

本书的出版得到北京市属高校高水平教师队伍建设支持计划高水平创新团队建设计划项目（IDHT20180515）和北京联合大学人才强校优选计划（BPHR2017EZ01）的资助。

由于本书内容涉及多学科的交叉及一些待研究的科学问题，且作者的知识有限，疏漏之处在所难免，诚恳地希望读者批评、指正。

作者

2019 年 4 月

目　录

前言

第1章　概述 ·· 1

1.1　网络大数据 ··· 1

1.2　网络流量处理 ··· 1

1.3　数字图像处理 ··· 5

1.4　安防监测系统信号处理 ······························ 6

参考文献 ·· 7

第2章　网络流量的平稳化 ··································· 10

2.1　基本概念 ·· 10

2.2　网络流量的周期性特征 ······························ 11

2.3　网络流量的正常行为模式 ··························· 15

2.4　平稳化流量数据 ·· 17

2.5　模型选择和识别 ··· 20

2.6　模型估计 ·· 22

2.7　平稳化算法 ··· 23

小结 ·· 25

参考文献 ·· 26

第3章　网络流量建模及预测 ······························ 27

3.1　网络流量预测相关研究 ······························ 28

3.2　建立网络流量模型 ······································ 29

3.3　网络流量预测 ··· 32

3.4　真实流量预测 ··· 35

3.5　流量过载预测 ··· 40

3.6　流量过载预测方法评价 ······························ 42

小结 ·· 46

参考文献 ·· 47

第4章　网络流量异常检测 ·· 48

   4.1　研究背景 ·· 48

   4.2　网络流量异常检测方法概述 ·· 51

   4.3　残差比异常检测方法 ·· 63

   4.4　网络流量异常检测模拟实验 ·· 75

   小结 ·· 95

   参考文献 ·· 96

第5章　MPLS 网络流量工程研究 ································· 99

   5.1　基本概念及问题 ·· 99

   5.2　MPLS 流量工程研究进展 ··· 101

   5.3　基于遗传算法的 MPLS 流量工程路径计算 ··················· 109

   5.4　遗传算法计算路径模拟实验 ······································ 112

   小结 ··· 114

   参考文献 ··· 117

第6章　图像稀疏编码方法研究 ·································· 120

   6.1　研究背景 ··· 120

   6.2　稀疏编码模型研究现状 ·· 122

   6.3　模型分析和比较 ··· 138

   6.4　模拟生物视觉信息处理的稀疏编码原理 ······················ 140

   6.5　一种基于赫布规则的稀疏编码模型 ····························· 142

   小结 ··· 147

   参考文献 ··· 149

第7章　图像轮廓提取方法研究 ·································· 153

   7.1　图像轮廓提取简介 ·· 153

   7.2　图像轮廓提取研究现状 ·· 153

   小结 ··· 161

   参考文献 ··· 162

第8章　图像边缘检测方法研究 ·································· 165

   8.1　基本概念及现状简介 ··· 165

   8.2　Prewitt 边缘检测方法和形态学边缘检测方法 ··············· 166

8.3 改进的图像边缘检测方法 …………………………………… 167

8.4 边缘检测改进方法的实验及分析 …………………………… 171

小结 …………………………………………………………………… 175

参考文献 ……………………………………………………………… 175

第9章 光纤安防监测信号的特征提取与识别研究 ……………… 177

9.1 问题描述及内容简介 ……………………………………… 177

9.2 光纤安防监测系统 ………………………………………… 178

9.3 光纤振动信号特征提取方法研究现状 …………………… 180

9.4 光纤振动信号识别方法研究现状 ………………………… 185

9.5 基于ELM算法的光纤振动信号识别 ……………………… 189

9.6 光纤振动信号检测实验及分析 …………………………… 196

小结 …………………………………………………………………… 200

参考文献 ……………………………………………………………… 201

第 1 章

概　　述

1.1　网络大数据

大数据是指以不同形式存在于数据库、网络等媒介上，蕴含丰富信息的、规模巨大的数据。大数据的研究主要包括数据挖掘、数据融合、聚类、访问控制、异常检测、安全以及各种个性化服务。

网络大数据是指"人、机、物"三元世界在网络空间（Cyberspace）中彼此交互与融合所产生并在互联网上可获得的大数据，简称网络数据[1]。存在于网络空间的网络流量和数字图像是网络大数据的重要组成部分，二者已有较为成熟的发展及应用，是热门的研究领域。

网络大数据在规模与复杂度上的快速增长对现有 IT 架构的处理能力和计算能力提出了挑战。网络大数据类型繁多，给学术界带来巨大的挑战和机遇。作为信息科学、社会科学、网络科学和系统科学等相关领域交叉的新兴学科，网络数据科学与技术已成为学术研究的新热点，其共性理论基础将来自多个不同的学科领域，包括计算机科学、统计学、人工智能、社会科学等。大数据的基础研究离不开对相关学科的领域知识与研究方法论的借鉴，在大数据计算方面，研究大数据表示、大数据复杂性及大数据计算模型[2]。

1.2　网络流量处理

1.2.1　网络流量建模及预测

网络流量建模对网络规划、网络管理及网络性能分析等方面具有重要意义。一个理想的网络流量模型应该尽可能准确地刻画与网络流量相关的统计特性，算法可行，并可以应用于网络规划和设计[3]。根据不同的网络流量统计特征可建立相应的数学模型，如网络流量长相关性、自相似性、单分形和多分形等。由于网络流量的极大不确定性，流量观测值随时间的变化很大，通常需要进行预处理，把不平稳的流量观测值时间序列，变换成平稳序列后，再选择恰当的数学模型。

早期研究认为网络流量服从 Poisson 分布或近似为 Markov 过程，一般多采用基于自回归（Autoregressive，AR）或自回归滑动平均（Auto regressive Moving Average，ARMA）的线性模型[4]。近年来，对网络流量进一步研究后发现网络流量具有自相似性[5]，人们开始采用能够表征长相关性和突发性的自相似模型来描述网络流量，各种基于自相似性的流量模型被不断地提出。作者利用方差分析（Analysis of Variance，ANOVA）的方法，对网络流量观测值构成的时间序列进行预处理，使得不平稳的网络流量时间序列经过预处理后，所得到的残差序列是平稳的，然后用残差序列估计出 ARMA 模型参数，得到残差序列的 ARMA 模型[6,7]。文献[8]提出的自回归求和滑动平均模型（Autoregressive Integrated Moving Average Model，ARIMA）模型基于 ARMA 模型建立，通过若干次差分使序列更接近平稳，较传统随机模型能更准确地描述网络流量多构性、突发连续性和自相似性等特征。文献[9]使用长相关模型分数自回归求和滑动平均模型（Fractional Autoregressive Integrated Moving Average Model，FARIMA），利用"后向预报"技术对序列进行分析反滤波，在参数估计中利用粗、精估计结合的方法建立模型，将 FARIMA 过程视为分形高斯噪声经过一个以 ARMA 参数为滤波器系数进行滤波的结果，因参数简单而成为自相似网络流量建模的主要工具。

除上述线性模型外，文献[3]还提出一些非线性的网络流量模型，典型的非线性模型有神经网络模型、灰色模型、混沌模型、支持向量机模型等。文献[10]提出一种基于小波分解的网络流量时间序列的建模和流量预测方法，将非平稳的网络流量时间序列通过小波分解成为多个平稳分量，采用自回归滑动平均方法分别对各平稳分量进行建模，将所有分量的模型进行组合，得到原始非平稳网络流量时间序列的预测模型。

网络流量模型对网络流量预测的准确性至关重要。除通过单个模型预测之外，为提高预测的准确性，还出现了通过多个模型有机组合预测流量，组合的方式有线性组合模型、优化组合模型和分解重构组合模型[3]。

1.2.2　网络异常检测

随着网络技术的发展和网络规模日益扩大，网络结构越来越复杂，网络设备多种多样，网络所承载的业务种类越来越多，这些都使得网络出现各种故障或性能问题的可能性大大增加，然而用户要求的服务质量却不断提高，由此导致网络监测的难度不断加大。网络监测的目的是通过对网络设备和网络运行状况的连续监测，及时地发现网络中的异常情况，当网络中出现异常时能够及时发出报警通知，以提醒网管人员采取措施，保持网络正常运行，使网络服务不受影响。当网络规模不大，数据量不多时，可以凭借管理经验对它们进行分析，对网络的运行状况作出判断和评价。但是，当网络管理员面临大量的数据时，往往束手无策，这就迫切需要一种对这些数据进行自动化处理的技术。当数据中出现网管人员感兴趣的异常信息时，能够自动发现或检测出来，实现自动化报警，这样的数据处理技术将会大大减轻网络管理人员的工作量。进一步地，如果对各个参数之间的空间或时间关系进行综合考虑，那么将有助于提高发现网络异常的能力和准确性。

通过检测网络异常可以检测出许多的网络故障和性能问题，这成为检测网络故障和性能问题的一种有效方法，增强了检测故障和性能问题的能力，对提高网络的可用性和可靠性、保证网络的服务质量具有重要的意义。实际情况表明，由于网络故障或性能问题造成的损失非常巨大，如何降低损失已经成为网络技术和研究人员所面临的迫切问题。

在传统的网络管理中，当网络或网络服务出现异常情况时，通过网络管理系统发出告警通知，由网络管理人员着手解决出现的问题，这是一种"响应式"的行为。因为当网络管理人员发现这样的警报时，往往没有足够的时间来分析和采取措施，很可能会影响网络的正常运行。研究结果表明，有些网络故障（如设备损坏、电缆退化、广播风暴等）或性能问题在发生之前会在网络流量或性能参数中表现出异常行为，因此，对这些参数进行异常检测可以提前发现问题，从而使得网管人员有更多的时间考虑解决方案，避免更严重的问题出现。这种流量预测的方式可以改变以往的网络管理中"响应式"的处理方式，实现对网络故障或性能问题的"预警式"功能，以便提供更好的网络服务。

根据网络异常检测方法的特点可以把它们分为两类：静态的检测方法和动态的检测方法。静态方法是一类常用的方法，即只判定当前观测值是否异常，与此前最近的若干个观测值无关。这类方法完全根据当前的观测值是否超出预先设定的阈值做出判定，如果当前观测值超出预定的阈值范围就是异常，否则为正常，而阈值的设定完全凭借网络管理人员的经验。恒定的阈值检测方法和自适应的阈值检测方法都属于静态方法。这类方法的缺点是难以找到一个恰当的阈值，而且阈值是预先设定的，对于相邻的观测值之间的一些细微变化情况难以发现。

为了检测相邻流量观测值之间的异常变化情况，出现另一类异常检测方法，即动态的检测方法。在这类检测方法中，判定当前观测值是否异常时需要考虑到该时刻之前一段时间内的网络流量，它描述相邻观测值之间的变化关系，当变化的幅度超出一定范围（即阈值范围）时就认为是异常，这个变化的幅度比网络参数自身变化的范围小得多，因此通过适当调整，更易于找到一个比较合适的阈值。2000 年前后，这类检测方法多是检测网络层流量，典型的检测方法有 GLR（Generalized Likelihood Ratio）检测方法[11]、基于指数平滑技术的检测方法[12]、Amy Ward 等人提出的检测方法[13]、基于小波技术的检测方法[14]。作者提出一种基于残差比的网络异常检测方法[15]。近几年，各种动态异常检测方法不断涌现，有针对不同应用层流量的检测[16,17]，有综合多个维度或多层次的网络流量异常检测[18,19]。

1.2.3 流量工程

流量工程（Traffic Engineering，TE）是指将信息流映射到已有的网络拓扑结构，并且使这种映射能够保证服务质量（QoS），改善网络资源的利用，使网络服务更加快速、可靠。

网络实现流量工程技术的发展有三个不同阶段[20]：一是基于路由器的核心网络；二是基于 ATM 网络上的 IP 网络 IPOA（IP over ATM）；三是以光纤作为主要传输介质，由 Internet 骨干路由器组成的基于多协议标记交换（MPLS）的网络。

在基于路由器的核心网络中，可以通过简单地调整路由器距离来实现信息流工程。在 1995 年之前，基于距离的流量工程一直是比较有效的方法，但在大型网络中，核心网络不能提供 ISP 要求的高速接口和相对确定的性能，在网络一部分中进行距离调整容易引起的另一部分产生问题，这使得基于距离的信息流控制不再适合扩大后的大型网络。

1995 年后，为获得所需要的速率，互联网服务提供商（ISP）开始重新设计网络。利用 ATM 网作为核心网络所需要的高带宽，即把 ATM 作为 IP 网络传输网络，IP 包拆分通过 ATM 信元（cell）传送。ATM 网络完全支持 IP 流量工程，IP 路由器之间通过在 ATM 交换网络上配置的永久虚电路（PVC）相互连接，在 ATM 网络的物理拓扑结构上，可以通过 ATM 交换机构建任意的虚拟拓扑结构的虚电路，路由器并不需要了解有关提供 PVC 的 ATM 交换网络的物理拓扑结构信息。PVC 的物理路径通常由离线配置实用程序根据需求计算所得，当 ATM PVC 被映射到路由器子接口时，独立的 ATM 网络和 IP 网络被合成一体。当某条 PVC 开始出现拥挤，ISP 有足够的信息来改变虚拟拓扑结构或物理拓扑结构，以消除正发生的拥挤情况。

在 IPOA 网络中，网管人员通过手工配置 PVC 以实现流量工程，而对于以路由器为核心的网络，只能依靠改变路由的度量权值来平衡链路负载。随着当今网络规模和复杂性的不断增加，基于度量权值的流量控制变得越来越复杂，在 IPOA 网络中已无法有效实施流量工程。新兴的 MPLS 技术则可通过特定的 QoS 路由算法，在网络内部所经过的各节点上计算出满足业务流需求的标记交换路径（LSP），这大大减轻了网管人员的工作量，并且使用 MPLS 技术能够及时发现网络故障节点，加快创建 LSP 备份路径以及恢复原有路径的速度。本书第 5 章对 MPLS 流量工程进行了综述[21]，并提出一种基于遗传算法的标记交换路径计算算法[22]。

上述探讨的流量工程通常是在一个自治域内（AS）实施的。文献[23]介绍了域间流量工程的主要解决方案，包括基于传统路由协议 BGP 的方案和基于 MPLS 的方案，二者都存在可扩展性问题。

随着 Internet 网络的快速发展，网络的规模越来越复杂，控制和管理网络的难度随之增大。为了更好地进行网络管理、网络监控、网络设计和网络规划等网络流量工程，网络操作员迫切需要掌握有关网络数据的流动情况。流量矩阵作为网络流量工程的重要输入参数，已被国内外研究人员广泛研究，现已成为 Internet 的一个重要研究方向[24]。

1.3 数字图像处理

据统计，在人类获取的信息中，视觉信息占 65％，而图像正是人类获取信息的主要途径，因此，和视觉紧密相关的数字图像处理技术的应用十分广泛。数字图像处理技术最早出现于 20 世纪 50 年代，人们开始利用计算机来处理图形和图像信息。数字图像处理作为一门学科大约形成于 20 世纪 60 年代初期。早期数字图像处理的目的是改善图像的质量，它以人为对象，以改善人的视觉效果为目的。图像处理中输入的是质量低的图像，输出的是改善质量后的图像。20 世纪 70 年代后期至今，各个应用领域对数字图像处理提出越来越高的要求，特别是在景物理解和计算机视觉方面，图像处理已由二维处理发展到三维理解或解释。近年来，随着计算机和其他各有关领域的迅速发展，例如在图像表现、科学计算可视化、多媒体计算技术等方面的发展，数字图像处理已从一个专门的研究领域变成了科学研究和人机界面中的一种普遍应用的工具。

数字图像处理是指将图像信号转换成数字信号并利用计算机进行处理的过程。其优点是处理精确度高，处理内容丰富，可进行复杂的非线性处理，有灵活的变通能力，一般来说只要改变软件就可以改变处理内容。困难主要在处理速度上，特别是进行复杂的处理。数字图像处理技术主要包括图像增强、图像复原、图像重建、图像编码、图像分析、图像识别和图像理解。数字图像处理技术的发展涉及信息科学、计算机科学、数学、物理学、认知及神经计算等学科。

有关图像的理论技术，根据抽象程度由低到高，可以分为低层的图像处理、中层的图像分析和高层的图像理解[25]。图像处理主要是指对图像进行各种加工以改善图像的视觉效果，并为自动识别打基础；或对图像进行压缩编码以减少对其所需存储空间或传输时间、传输通路的要求。对图像进行压缩编码主要在图像像素级上进行处理，处理的数据量较大，是一个从图像到图像的过程。图像分析则主要对图像中感兴趣的目标进行检测和测量，以获得它们的客观信息，从而建立对图像的描述，是一个从图像到数据的过程。这里的数据可以是对目标特征测量的结果，或是基于测量的符号表示，它们都描述图像中目标的特点和性质，通过分割和特征提取把原来以像素描述的图像转变成比较简洁的非图形式的描述。图像理解的重点是在图像分析的基础上，进一步研究图像中各目标的性质和它们之间的相互联系，并得出对图像内容含义的理解以及对原来客观场景的解释，其处理过程和方法与人类的思维推理可以有许多类似之处。图像处理是图像分析的基础，本书第6章介绍了作者在图像分析层所做的工作，第7、8章则属于图像处理层的工作。

1.4 安防监测系统信号处理

对于涉及国家安全、社会稳定、保障民众正常生活的重要基础设施或区域，全天候保障它们的安全非常重要。例如，国家边境线的周界安防报警与监控管理，是国家安全的重要组成部分，非法越境行为对国家的安全造成严重的威胁和恶劣后果，因此需要应用一些先进的周界探测报警系统形成一道隐蔽的"电子围墙"来阻止各种非法的入侵活动。

利用光纤传感和光通信技术可以构建新一代的安防监测系统。外界直接触及或通过承载物（如覆土、铁丝网、围栏等）传递给光纤振动传感器的各种振动行为会产生不同的光强波动信号，在需要安防的区域敷设传感光缆后，当遭受外来人员或车辆等的非正常闯入和破坏时的入侵行为时，受到敲击、攀爬、踩踏、触碰、摇晃、挤压的传感光缆能够探测感知到来自外界对设防区域的入侵扰动及振动，探测与信号处理子系统就可以探测到振动信号，并经过对这些信号采集、传输、分析及处理，结合具备入侵事件类型模式识别的人工智能技术，以及白光干涉技术、长距离扰动定位技术，对安防区域进行实时监测和安全预警。光纤安防监测系统具有定位精确度高、监测距离长、较强的识别能力、传感器无源、适应复杂地形、综合成本低等诸多特点，因此广泛应用于重点区域或基础设施的周界安防系统中。

光纤周界安防系统作为新一代安防监测系统，解决了目前传统安防设备普遍存在的监测距离短、功耗大、误报率高等问题。其独特性在于，采用的无源光纤传感技术使得系统在不需要任何户外有源器件的情况下能够提供长距离监视，利用外界扰动对光特性的改变实现单套主机长达 105km 大范围防区的探测；采用光纤作为无源、非金属探测器，可有效避免雷电干扰，适用于易燃易爆、强电磁干扰和水下设防等场所。打破红外线、微波墙等只适用于视距和平坦区域使用的局限性，不受地形的高低、曲折等环境限制，可实现对不规则周界防区的有效探测，且适合恶劣气候；采用干涉型光纤传感技术，系统具有极高的灵敏度，即可以直接铺设在各种铁网铁艺上，也可直接埋设在各种地面甚至水下，形成隐蔽的防护系统；使用寿命长，传感光纤使用年限可长达 25 年，且维护费用低。

在光纤周界安防系统中，光纤传感器是最基本的部分。M-Z 干涉型光纤传感器是典型的双臂干涉型光纤传感器，具有很高的灵敏度，并且与相位调制的频率和作用点的位置无关。这种光纤安防技术是一种新型热门的技术，但如何提高其检测概率和降低系统的虚警率是一个难题。

参 考 文 献

[1] 王元卓，靳小龙，程学旗. 网络大数据：现状与展望 [J]. 计算机学报，2013，36（6）：1125-1138.

[2] 李国杰，程学旗. 大数据研究：未来科技及经济社会发展的重大战略领域——大数据的研究现状与科学思考 [J]. 中国科学院院刊，2012（6）：647-657.

[3] 邱婧，夏靖波，吴吉祥. 网络流量预测模型研究进展 [J]. 计算机工程与设计，2012，33（3）：865-869.

[4] Swiecimka P O, Kwapien J, Drozdz S. Wavelet versus descended fluctuation analysis of multifractal structures [J]. Physical Review, 2006, 74 (1): 188-190.

[5] Yi Q, Skieewicz J, P Dinda. An empirical study of the multiscale predictability of network traffic [C]. IEEE International Symposium on High Performance Distributed Computing, 2004: 66-76.

[6] 邹柏贤，姚志强. 一种网络流量平稳化方法 [J]. 通信学报，2004，25（3）：14-23.

[7] 邹柏贤，刘强. 基于 ARMA 模型的网络流量预测 [J]. 计算机研究与发展，2002，39（12）：1645-1652.

[8] Yu Guoqiang, Zhang Changshui. Switching ARIMA model based forecasting for traffic flow [C]. Proc of International Conference on Acoustics, Speech, and Signal Processing. 2004: 429-432.

[9] 李士宁，闫焱，覃征. 基于 FARIMA 模型的网络流量预测 [J]. 计算机工程与应用，2006，42（29）：148-150.

[10] 张晗，王霞. 基于小波分解的网络流量时间序列建模与预测 [J]. 计算机应用研究，2012，29（8）：3134-3136.

[11] M Thottan, C Ji. Proactive anomaly detection using distributed intelligent agents [J]. IEEE Network, 1998, 12 (5): 21-27.

[12] J D Brutlag. Aberrant behavior detection in time series for network monitoring [C]. Proceedings of the USENIX Fourteenth System Administration Conference, 2000: 139-146.

[13] Amy Ward, Peter Glynn, Kathy Richardson. Internet service performance failure detection [J]. Performance Evaluation Review, 1998, 26 (3): 38-44.

[14] V Alarcon Aquio, J A Barria. Anomaly detection in communication networks using wavelets [J]. IEE Proceeding - Communication, 2001, 148 (6): 355-362.

[15] 邹柏贤. 一种网络异常实时检测方法 [J]. 计算机学报，2003，26（8）：940-947.

[16] 燕发文，黄敏，王中飞. 基于 BF 算法的网络异常流量行为检测 [J]. 计算机工程，2013，39（7）：165-168，172.

[17] 崔嘉. 对等网络流量信息结构异常的检测技术研究 [J]. 现代电子技术，2017，40（9）：93-95.

[18] 郑黎明，邹鹏，贾焰. 多维多层次网络流量异常检测研究 [J]. 计算机研究与发展，2011，48（8）：1506-1516.

[19] 陈露露，郭文普，何灏. 基于 ME - PGNMF 的异常流量检测方法 [J]. 计算机工程，2018，44（1）：165-170.

[20] 肖钟捷. 网络流量工程技术进展 [J]. 南平师专学报，2007，26（2）：49-51.

[21] 邹柏贤，姚志强. 基于多协议标记交换的流量工程研究进展 [J]. 计算机应用，2006，26（11）：2539-2543.

[22] Baixian Zou, Xiaoling Yang, Qiang Zhu, et al. Delay - based path computation in MPLS networks with genetic algorithms [C]. Proceedings of the 2nd International Symposium on

Information Technologies and Applications in Education，2008：16 - 22.

[23] 罗文，吴建平，徐恪. 域间流量工程研究综述 [J]. 小型微型计算机系统，2006，27 (1)：26 - 33.

[24] 蒋定德，胡光岷. 流量矩阵估计研究综述 [J]. 计算机科学，2008，35 (4)：5 - 9，13.

[25] 章毓晋. 图像处理和分析 [M]. 北京：清华大学出版社，1999.

网络流量的平稳化

网络流量模型对网络设计、规划和性能分析等方面有十分重要的意义。网络流量的不平稳特性，对于流量模型的正确建立具有很大的影响。本章提出一种流量的平稳化方法，可在一定程度上消除或减轻流量的不平稳特性对于流量建模的不良影响。该方法首先根据网络流量的历史数据，建立流量的一种正常行为模式；然后利用方差分析的方法，对流量进行平稳化预处理；最后建立自回归滑动平均模型。作者对真实流量数据进行了预测试验，其中一、二步预测的均方误差显著降低，表明流量的平稳化对于预测效果有较大程度的改善。

2.1 基本概念

网络流量模型在计算机网络的设计、规划、性能分析等方面起着重要的作用。网络流量模型是用时间序列表示每一定时间内到达的字节数或数据包数量，可以这样来描述：

在时间点 $\cdots, t_{n-1}, t_n, t_{n+1}, \cdots$ 的一个观测值序列 $\cdots, x(t_{n-1}), x(t_n), x(t_{n+1}), \cdots$，时间尺度可以是几十毫秒、秒、分钟、小时。

平稳模型是指统计特性不随时间的平移而变化，即均值和协方差不随时间的平移而变化，只取决于时间间隔。因此，具有线性趋势或呈现周期性趋势的序列是不平稳的序列。网络流量模型目前仍然是活跃的研究领域，各种流量模型很多，大体上可以分为两类[1]：短相关的流量模型和长相关的流量模型。如果用自相关函数的特性描述它们，那么，短相关是指其自相关函数随时滞的增加呈指数衰减，长相关是指其自相关函数随时滞的增加呈双曲线衰减（比指数衰减更慢）。

短相关流量模型包括马尔可夫模型和回归模型两大类。基本的马尔可夫模型特征是下一个状态仅仅依赖于"当前"状态,而与"过去"的状态无关,即只考虑相邻两个状态之间的相关性。马尔可夫模型便于分析处理。

在回归模型中,序列的下一个观测值明确地表示为当前和过去的若干个观测值及白噪声的函数关系。回归模型表示比较简单,易于建立,模型参数估计简单,这一类模型主要有自回归模型[3]、自回归滑动平均模型[2,4]等。在文献[2]中,应用自回归滑动平均模型描述以太网中的流量;在文献[4]中,Aimin Sang 和 San-qi Li 运用自回归滑动平均模型对 Internet 和以太网上的流量建立模型。

长相关的流量模型主要有分形布朗运动模型[5]、FARIMA 模型(Autoregressive Integrated Moving Average Model,差分整合移动平均自回归模型)等[1]。分形布朗运动模型具有长相关性、自相似性及重尾分布特性。FARIMA 模型可同时描述流量的长相关和短相关特性,以及自相似业务所具有的长相关特性,在描述自相似流量比 AR 和 ARIMA 模型更加有效。

流量的不平稳特性会对建立流量模型造成不良影响,因此有必要对流量进行平稳化,使之平稳或接近平稳,以便用时间序列模型来描述。差分是一种常用的平稳化方法,它对具有线性趋势的时间序列有很好的平稳化效果[2]。此外,季节型差分也是一种有效的平稳化方法[6]。作者运用统计学中方差分析的方法,对真实的网络流量进行平稳化,并对处理后的残差建立模型。

2.2　网络流量的周期性特征

观察几个用 MRTG(Cisco 公司的一个网络监测软件)收集的流量图。图 2.1 所示为来自普林斯顿大学(www.net.princeton.edu)提供的该大学校园网的流量,记录时间是 2002 年 3 月 4 日前一周。其中,图 2.1(a)所示为校园网络的进口和出口流量,图 2.1(b)所示为校园网某个服务器上的流量图,图 2.1(c)和(d)所示分别为某个边界路由器不同端口的流量,这些图中上面的一条曲线和下面的一条曲线分别表示进口和出口流量。

图 2.2 所示为新浪网站某个交换机上的以太网端口数据,其中上面的一条曲线表示出口流量,下面的一条曲线表示进口流量,数据采集时间是 2002 年 1 月 8 日的前一周。由于该网站主要是提供 Http 服务,所以出口流量比进口流量大得多。

图 2.3 所示为一个以太网的拓扑结构。其中 4 个子网 N1、N2、N4、N5 都

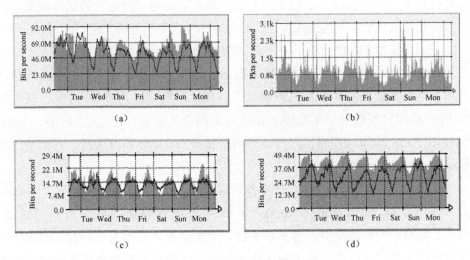

图 2.1　普林斯顿大学校园网流量

（a）校园网总进、出口流量图；（b）校园网内某个服务器上的进、出口流量图；（c）校园网某边界
路由器端口一的进、出口流量图；（d）校园网某边界路由器端口二的进、出口流量图

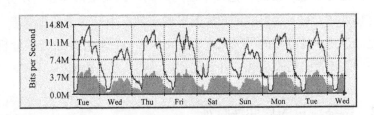

图 2.2　新浪网站某个交换机上的端口流量

与一个集线器 Hub 相连接，再到路由器 Router1，另一子网 N3 通过路由器
Router2 再与 Router1 连接，即 5 个子网（其中约有 300 台主机）的出口经过该
路由器的同一个接口。路由器 Router2 和 Router1 都是 Cisco 2514 系列产品，它
有两个 10M 以太网端口，其中一个端口和外部 Internet 相连，四个子网和
Router2 通过一个集线器连到 Router1。网络中的主要业务有 Web、FTP、
Email、Telnet 等。其中，Web 服务是查看新闻，资料查询，各种信息如股票交
易信息、天气预报等查询；FTP 服务主要是下载和上载文件，包括音乐、视频
文件科技文献等；Email 服务是发送和接收电子邮件；应用 Telnet 的服务主要
是 BBS，通过 BBS 可参与各种论坛讨论。

　　放置一台主机在子网 N4 中，准备从路由器 Router1 上的 MIB 中读出变量
的观测值，该主机安装了 Windows 2000 系统以及 HP OpenView 管理软件的基

本模块——网络节点管理器（NNM），通过它读取 MIB 变量，采用轮询方式，轮询的时间间隔是 5min。5min 的采样值间隔时间是在网络监测中比较常用（见图 2.1 普林斯顿大学校园网监测、图 2.2 中新浪网站的流量监测），将上述的这台机器标记为 "NNM"，如图 2.3 所示。

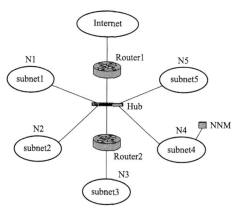

图 2.3　以太网拓扑结构

通过对 Router1 上的 MIB 变量的观察，变量 ifInNUcastPkts 的观测值呈现出周期性特征，如图 2.4 所示。ifInNUcastPkts 是 MIB 中的一个接口组的变量，表示相应接口接收到的广播和多播数据包数量，广播数据包主要包括 ARP（地址解析协议）广播消息、NetBIOS（或 NET-BEUI）消息、机器启动和关闭时在本网段内发送的广播信息、路由器定期发送路由信息包等。其中，ARP 消息是局域网内的主机与同一网段的另一机器通信时，只知道对方的 IP 地址而不知道对方的 MAC 地址时，需要查询 MAC 地址而发出的广播消息；NetBIOS 的作用是为局域网添加特殊功能，局域网主机多数都是在 NetBIOS 基础上工作的，NetBIOS 在局域网提供名字注册，为每个主机登记唯一的名字，建立虚电路通信和支持数据报的通信，提供文件和打印机共享服务。当一台 TCP/IP 主机初始化时，其通过广播注册请求诸如 WINS 服务器之类的 NetBIOS 名字服务器进行其 NetBIOS 名字注册。在 Window 系统桌面，当双击 "网上邻居" 时，就会发出 NetBIOS 广播包，如果没有安装 NetBIOS 时，则发出 IP 广播包。当安装 TCP/IP 协议时，默认情况下 NetBIOS 也一起被装进了系统。总之，变量 ifInNUcastPkts 中包含了除单播包以外的全部广播和多播的流量情况，可以很好地体现一种常见的网络问题——广播风暴。

在上述各个图（图 2.1、图 2.2 以及图 2.4）中可以看出，尽管网络的流量行为是非常不确定的，但是通过观察可以发现，每个流量参数在各天的观测值都呈现出一定的周期性趋势，从时间序列理论的角度分析，这种周期性时间序列表现为不平稳性，要对它们建立数学模型时必须先进行平稳化——预处理，将流量的观测值序列变成平稳的或接近于平稳的时间序列。

　　通过上述环境收集的流量，进行平稳化预处理，建立数学模型。采取的方法是，利用流量的历史数据建立网络流量的一种正常行为模式，这种模式基本上代表了流量的总体趋势。从实际流量中扣除这种正常模式的影响，可以消除流量序列中的周期性，并降低序列自相关系数值，减轻时间序列的自相关性，进

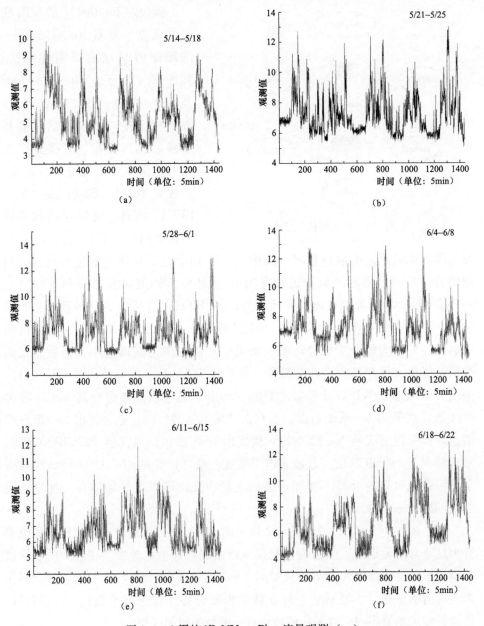

图 2.4　8 周的 ifInNUcastPkts 流量观测（一）

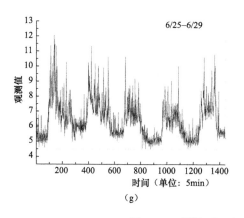
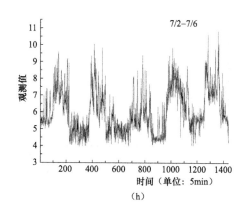

图 2.4 8 周的 ifInNUcastPkts 流量观测（二）

而可以把流量序列的局部看作是平稳的或近似平稳，从而建立相应流量的局部模型。

2.3 网络流量的正常行为模式

随着网络技术的发展和用户需求的变化，网络的设备需要更新，需要增加网络带宽等，当网络的环境（包括拓扑结构、网络设备、网络配置和用户使用等）发生变化时，网络中的流量情况也随之发生变化。但是，对于一个已经建成（或者是经过大规模改建、扩建工程）的网络来说，由于经济等各方面的原因，网络并不是时刻都在发生变化，可以保持在一定期间内保持相对的不变，从而可以建立一个网络流量的某种正常行为模式。因此在采集网络数据期间，网络环境没有发生较大的变化。连续采集数据时间超过两个月，取出 8 周的数据。具体日期及流量数据如图 2.4 所示，每周 5 个工作日。由于周末的情况更为复杂和不确定，不在考虑范围之内。

因每周 5 个工作日，每天 24h，采样间隔时间为 5min，那么每天有 288 个采样值，每周共有 1440 个观测值，按时间先后顺序形成一个时间序列。总共持续 8 周，那么每天的同个时刻（每 5min 为一个时刻）总共有 8 个数据。由于一些不可确定的因素，这 8 个数据中有些被称为异常值（Outlier）[6]的数据，它们会对流量正常模式的确定产生影响，所以考虑采取适当的措施把它们排除在外。在对各种测量数据的处理中，由于随机误差的影响，测量数据有一定的分散性，对于误差绝对值较大的测量数据，可以视为可疑（或异常）数据，在遇到这样的异常数据时，需要正确判断和分析，否则它们可能严重影响测量结果及其精确度，因此必须把这样的异常数据当作坏值（其相应误差为粗大误差）而剔除，然后再对剩余的数据求平均，得到真正的测量值，这是在数据处理中的一种常用方法。采用下面这种数据处理的方法，来取得流量的平均值，作为流量的正常值。根据格拉布斯准则[7]，在置信概率为95％的置信区间内的观测值计算平均值，得到网络中非单播包数的正常行为模式。格拉布斯准则是判断测量数值粗大误差的一个准则。具体地说，如果把任一时刻的 8 个数据表示为 x_i，其中 $i=1$，$2,\cdots,8$，$\bar{x}$ 表示 x_1，x_2，x_3，$\cdots$，x_8 的平均值，ν 表示它们的标准差，即

$$\bar{x} = \frac{1}{8}\sum_{i=1}^{8} x_i$$

$$\nu = \sqrt{\frac{1}{8}\sum_{i=1}^{8} (x_i - \bar{x})^2}$$

如果 x_i 满足

$$|x_i - \bar{x}| > k\nu \text{ 且 } |x_i - \bar{x}| = \max_{j=1,2,\cdots,8} |x_j - \bar{x}|$$

则认为 x_i 是坏值，应剔除不用。其中，k 是格拉布斯准则系数，置信区间为95％时对应的 $k = 2.03$。这里每次只剔除一个坏值，下一次必须重新计算平均值和标准差，直到全部满足 $|x_i - \bar{x}| < k\nu$ 为止。

图 2.5 所示在各时刻被丢弃的坏值数。经过统计，一半以上没有出现坏值，其余的大多是有一个坏值，最多的出现 3 个坏值的情形，但是所占比例很少，只有不到 20 个。这说明，在这段时间内，每天的同一时刻的流量 ifInNUcastP-kts 的观测值是比较稳定的，多数在置信区间为95％的范围内。图 2.6 所示所得到的正常行为模式，它代表了网络在当前环境下，流量 ifInNUcastPkts 随时间发生变化的一种总体趋势，表现出一定的周期性特征。

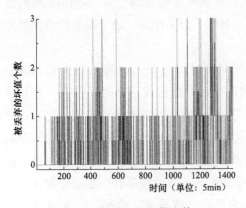

图 2.5　被丢弃的坏值个数

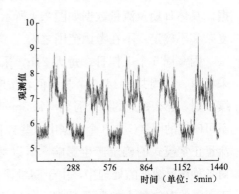

图 2.6　流量的正常行为模式

2.4 平稳化流量数据

采用方差分析的方法进行平稳化。这里所说的平稳化是指对不平稳的时间序列进行适当的处理后变成平稳或近似平稳的时间序列。方差分析方法是统计检验的一种方法，是由英国著名统计学家 R. A. Fisher 推导出来的一种检验方法，它用于检验多个样本之间均数的比较。例如，对收集一周 5 天的某个流量（假定每 5min 一次采样），在每天不同的时间的流量是不同的，现在来考察时间这一因子（记为 A）对流量的影响。一天有 24h，一天共有 288 个流量的采样值，那么，因子 A 就有 288 个不同的水平（分别记为 $A_1, A_2, \cdots, A_{288}$）。由于每天的同一时间的流量也不相同，可以认为同一个时间的流量就是一个母体，假定每个母体样本的均值是 μ_i，$i = 1, 2, \cdots, 288$。实际上，方差分析是检验若干母体均值是否相等的一种统计分析方法。先考虑一个因子的方差分析，称为单因子方差分析。

假设因子 A 有 r 个水平 A_i（$i = 1, 2, \cdots, r$），如果在 A_i 水平下进行了 t 次实验，获得了 t 个试验结果 X_{ij}，$j = 1, 2, \cdots, t$，且 X_{ij} 的均值是 μ_i，那么单因子方差分析模型中的数据结构式为

$$X_{ij} = \mu + \alpha_i + \varepsilon_{ij}; \quad i = 1, 2, \cdots, r; \quad j = 1, 2, \cdots, t$$

其中

$$\mu = \frac{1}{r} \sum_{i=1}^{r} \mu_i, \quad \alpha_i = \mu_i - \mu, \text{且满足} \sum_{i=1}^{r} \alpha_i = 0$$

式中：μ 为一般平均；α_i 为因子 A 的第 i 个水平的效应；ε_{ij} 为随机误差（或称残差），即已将 X_{ij} 中的由于因子 A 对 X_{ij} 的影响已经排除，剩余部分 ε_{ij} 是随机性引起的。

为了进一步分析流量中的影响因素，考察在不同工作日对流量产生的影响。将不同的工作日作为影响流量的第二个因子 B 来考虑，同时考虑两个因子的方差分析，就是双因子方差分析法。运用双因子方差分析方法，对流量进行如下处理。

用 S_{ij} 表示正常行为模式（见图 2.6）数据，其中，$i = 1, 2, 3, \cdots, 288$，i 表示一天里的各个时刻（每个时刻代表 5min 间隔）；$j = 1, 2, 3, 4, 5$，j 表示一周中的各天。流量观测值序列 X_{ij} 分解为四部分，即

$$X_{ij} = \mu + \alpha_i + \beta_j + y_{ij} \tag{2.1}$$

其中

17

$$y_{ij} = X_{ij} - \mu - \alpha_i - \beta_j \tag{2.2}$$

$$\mu = \frac{\sum\limits_{j=1}^{5}\sum\limits_{i=1}^{288}S_{ij}}{5 \times 288}, \; \alpha_i = \frac{\sum\limits_{j=1}^{5}S_{ij}}{5} - \mu, \; \beta_j = \frac{\sum\limits_{i=1}^{288}S_{ij}}{288} - \mu$$

且满足

$$\sum_i \alpha_i = 0, \; \sum_j \beta_j = 0$$

式中：μ 为一般平均；α_i 为 A 因子的第 i 个水平的效应；β_j 为 B 因子的第 j 个水平的效应；将 y_{ij} 称为流量观测值处理后的残差。

图 2.7（a）所示为正常行为模式中各天的平均值和一周的平均值 μ，图 2.7（b）所示为正常行为模式中一天从 0 点开始至 24 点各个时刻的平均值。图 2.8 所示为待建立模型的流量观测值序列 X_{ij}，它是取得 8 周观测值之后的一周的数据。图 2.9 所示为 X_{ij} 经过（2.2）转换所得的残差，即预处理后结果。从图 2.9 可以看出，残余序列 y_{ij} 即没有明显的周期性，也没有线性趋势，所以可看作是平稳的[8]，即经过上述的处理后可以得到一个平稳或接近于平稳的时间序列 y_{ij}。

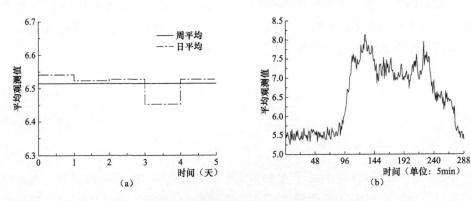

图 2.7　流量正常行为模式的平均值

(a) 周、日的平均值；(b) 各时刻平均值

在式（2.2）中，可以看作是在流量的观测值 X_{ij} 中，把两种影响流量的因素（两个因子 A、B）都已排除，剩余的部分 y_{ij}（或表示为 y_t，$t = 1,2,\cdots,$ 1440）是随机性产生的，可以通过计算自相关函数 $\hat{\rho}_K$ 来判断，它的计算公式如下[6]：

$\bar{y}$ 表示序列 y_t 均值，为

$$\bar{y} = \frac{1}{N}\sum_{j=1}^{5}\sum_{i=1}^{288}y_{ij}$$

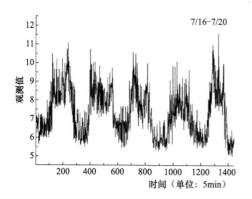

图 2.8　待建立模型的流量观测值

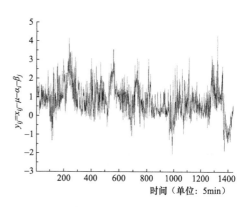

图 2.9　预处理后的残差

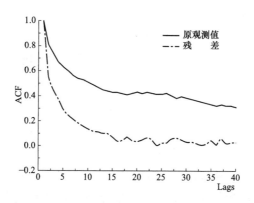

图 2.10　原观测值和预处理后残差的自相关函数

$\hat{r}_k$ 表示序列 y_t 的协方差，为

$$\hat{r}_k = \frac{1}{N} \sum_{t=1}^{N-k} (y_{t+k} - \bar{y})(y_t - \bar{y})$$

则自相关函数 $\hat{\rho}_k$ 为

$$\hat{\rho}_k = \frac{\hat{r}_k}{\hat{r}_0} \; (k = 1,2,\cdots)$$

原观测值和预处理前后残差的自相关函数如图 2.10 所示，由图可以看出，预处理前的残差序列是不平稳的，而经过预处理后残差的序列是平稳的。

总之，上述的平稳化过程就是将要建立模型的流量数据分解为四个部分之和，即总平均值（μ）、各时刻平均与总平均的偏差（α_i）、各天平均值与总平均值的偏差（β_j）和残差（y_{ij}）。残差 y_{ij} 是平稳化的结果，它是流量中消除了

19

周期性的特性影响，得到流量中的随机部分。

2.5 模型选择和识别

从统计意义上讲，所谓时间序列就是将某一个指标在不同时间上的不同数值，按照时间的先后顺序排列而成的数列，这种数列由于受到各种偶然因素的影响，往往表现出某种随机性，彼此之间存在统计上的依赖关系。时间序列分析是一种根据动态数据揭示系统动态结构和规律的统计方法，是统计学科的一个分支。其基本思想是根据系统的有限长度的运行纪录（观测数据），建立能够比较精确地反映时间序列中所包含的动态依存关系的数学模型。把网络中的某一个流量的观测值按时间先后排列而成的数列叫作网络流量观测值序列，例如，一个路由器上转发的数据包数的观测值（或采样值），按照时间顺序排列成一个时间序列，就是一个流量观测值序列，通常是采用等时间间隔。网络流量的观测值通常是表示每单位时间到达或发送的字节数或数据包数量，时间尺度可以是几十毫秒、秒、分钟、小时。按时间序列的统计特性分为平稳时间序列和非平稳时间序列。一般来说，网络流量观测值序列是不平稳的，因为网络中影响网络流量的主要条件都与时间有关，如用户的使用情况等因素。

时间序列分析的主要方法是模型法，它是对给定的时间序列，根据统计理论和数学方法，建立描述该序列的统计模型。建立网络流量模型就是用数学模型来描述网络流量观测值序列中的动态依存关系，进而根据模型作出预测、网络性能分析等。时间序列模型主要有自回归模型（AR 模型）、滑动平均模型（MA 模型）、自回归滑动平均混合模型（ARMA 模型），这些模型都是平稳模型，可以用来描述平稳的时间序列。其中，AR 模型和 MA 模型可以看作是 ARMA 模型的特例，ARMA 模型混合了另外两种模型。时间序列模型作为研究网络流量的一种方法，已经取得了很好的效果[9-11]，有着很好的应用前景。因此，应用时间序列模型对流量进行处理和分析。

ARMA 模型应用于流量建模和预测中，具有以下特性：①模型表示和参数估计简单；②具有明确的数学表达式，即序列中的下一个观测值明确地表示为当前和过去的若干个观测值，以及白噪声的函数关系；③适合于短期内的流量预测。此外，利用 ARMA 进行流量预测时，不但可以计算出将来的流量，还可以得出预测结果的误差标准差。

ARMA 模型是典型的时间序列模型，很适合短时间的预测，有很高的预测精确度[12]；用 ARMA 模型进行预测计算量比较小，可以进行实时计算。而且，ARMA 时间序列模型在建立网络流量的模型和网络流量的预测中已经取得了很好的效果。其中，文献[14]通过建立 Bellcore 内部以太网流量的 ARMA 模型，对以太网流量进行预测；在文献[4]中，Sang A. 和 Li S. 同样也运用 ARMA 模型建立 Internet 和以太网流量的数学模型，以实际数据验证用 ARMA 模型预测网络流量的可行性，并对预测效果作了评价和分析。

流量观测值预处理后的自相关函数表明、预处理后的残差序列是平稳的，因此，可以用自回归滑动平均模型来拟合。另外，根据 Box-Jenkins 的模型识别方法即根据样本自相关函数（ACF）和偏自相关函数（PACF）的拖尾特性判断序列适合的模型[14]。偏自相关函数 φ_{kk} 的计算公式为[15]

$$\begin{cases} \varphi_{11} = \hat{\rho}_1 \\ \varphi_{k+1\,k+1} = \left(\hat{\rho}_{k+1} - \sum_{j=1}^{k} \hat{\rho}_{k+1-j} \hat{\varphi}_{kj} \right) \times \left(1 - \sum_{j=1}^{k} \hat{\rho}_j \hat{\varphi}_{kj} \right)^{-1} \\ \hat{\varphi}_{k+1\,j} = \hat{\varphi}_{kj} - \hat{\varphi}_{k+1\,k+1} \hat{\varphi}_{kk-j+1} \quad (j=1,\cdots,k) \end{cases}$$

式中：$\hat{\rho}_k$ 是自相关函数。

残差的偏自相关函数如图 2.11 所示，由图 2.10 和图 2.11 可知，自相关函数 $\hat{\rho}_k$ 和偏自相关函数 φ_{kk} 的数据随 k 的增大而衰减，有收敛到零的趋势，因此可以认为它们是拖尾的。由此判断序列适合 ARMA 模型。

ARMA 模型的阶数可用残差方差图定阶方法[6]来确定。根据时间序列理论，通常可以选择自回归滑动平

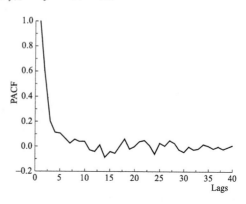

图 2.11　残差的偏自相关函数

均模型 ARMA(n，$n-1$)，其中 n 是正整数。这样做的最大优点是，无需人机配合，能够在计算机上自动实现[16]，所以假定模型是 ARMA(n，$n-1$)。用一系列阶数 n 逐渐递增的模型进行拟合每次都求出残差方差 $\hat{\sigma}_a^2$，然后画出 $\hat{\sigma}_a^2$ 的图形——称为残差方差图。开始时，$\hat{\sigma}_a^2$ 会下降，当达到 n 的真值后逐渐平缓。残差方差的估计式为

$$\hat{\sigma}_a^2 = \frac{1}{N-3n} Q$$

式中：Q 是剩余平方和。

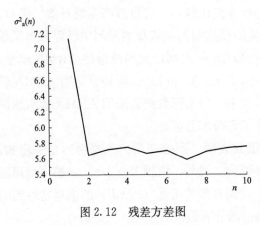

图 2.12　残差方差图

图 2.12 是拟合 ARMA$(n,$ $n-1)$ 模型所得的残差方差图。从图中可以看出，当模型阶数 n 从 1 升至 2 时，残差方差大幅度减小；n 从 2 升至 4 时，残差方差略有增加；继续升高模型阶数，残差方差稍有回落后继续增加；虽然在 $n=7$ 时残差方差较小，但从建模的"约简"性原则[6]出发，判断合适的模型为 ARMA$(2，1)$。

2.6　模型估计

对平稳化后的数据建立 ARMA 模型，这个模型也就是所要建立的最终流量模型。对上述预处理后的残差序列 y_t（可以按先后顺序把 y_{ij} 转换成 y_t），建立自回归滑动平均混合模型 ARMA$(2，1)$，即

$$\varphi(B)y_t = \theta(B)a_t$$

式中：B 是后移算子；a_t 是高斯白噪声，且服从正态分布。

$$\varphi(B) = 1 - \varphi_1 B - \varphi_2 B^2$$

$$\theta(B) = 1 - \theta_1 B$$

式中：φ_1 和 φ_2 是自回归参数；θ_1 是滑动平均参数。

用模型的矩估计方法估计这四个参数，假定 γ_i, ρ_i 分别是时间序列 $\{y_t\}$ 的自协方差和自相关函数，$i = 0,1,2,\cdots,1439$。那么，有

$$\gamma_i = \frac{1}{1440} \sum_{t=i+1}^{1440} y_t y_{t-i} \tag{2.3}$$

$$\rho_i = \frac{\gamma_i}{\gamma_0} = \frac{\sum_{t=i+1}^{1440} y_t y_{t-i}}{\sum_{t=1}^{1440} y_t^2} \tag{2.4}$$

则

$$\begin{bmatrix} \varphi_1 \\ \varphi_2 \end{bmatrix} = \begin{bmatrix} \rho_1 & \rho_0 \\ \rho_2 & \rho_1 \end{bmatrix}^{-1} \begin{bmatrix} \rho_2 \\ \rho_3 \end{bmatrix}$$

所以

$$
\begin{cases}
\varphi_1 = \dfrac{\rho_1 \rho_2 - \rho_0 \rho_3}{\rho_1^2 - \rho_0 \rho_2} \\[3mm]
\varphi_2 = \dfrac{\rho_1 \rho_3 - \rho_2^2}{\rho_1^2 - \rho_0 \rho_2}
\end{cases}
\tag{2.5}
$$

为了计算参数 θ_1，定义 $z_t = y_t - \varphi_1 y_{t-1} - \varphi_2 y_{t-2}$，且记 $\varphi_0 = -1$，那么 z_t 的自协方差为

$$
\gamma_i(z_t) = \sum_{m,n=0}^{2} \varphi_m \varphi_n \gamma_{i+n-m}
\tag{2.6}
$$

式中：γ_{i+n-m} 是 y_t 的自协方差。

若用 ξ_i 表示 z_t 的自相关函数，即

$$
\xi_i = \frac{\gamma_i(x_t)}{\gamma_0(x_t)}
\tag{2.7}
$$

则

$$
\theta_1 = -\frac{2\xi_1}{1 + \sqrt{1 - 4\xi_1^2}}
\tag{2.8}
$$

由上述的预处理过的流量观测值序列残差 y_t 代入式（2.3）～式（2.8），可得

$$
\begin{cases}
\varphi_1 = 0.97398 \\
\varphi_2 = -0.09143 \\
\theta_1 = 0.57262
\end{cases}
$$

由于这里的 φ_1 和 φ_2 满足 $\varphi_1 + \varphi_2 < 1$，$\varphi_2 - \varphi_1 < 1$，$|\varphi_2| < 1$，这就验证了原残差序列是平稳的。因此估计模型为

$$
y_t = 0.97398 y_{t-1} - 0.09143 y_{t-2} + a_t - 0.57262 a_{t-1}
$$

这就是要建立的网络流量模型，其中，a_t 是高斯白噪声，且服从正态分布。

2.7 平稳化算法

由于建立流量模型的目的在于实时流量预测，需要考虑整个建模过程的算法复杂性。建模的过程包括计算流量的正常行为模式，对应 A、B 因子各水平的效应（即 α_i、β_j）、残差，然后估计 ARMA(2,1) 模型的三个参数为 φ_1、φ_2、θ_1。其中，φ_1 和 φ_2 的求解过程都是线性的，计算简单。在实际应用中，可以定期刷新一次流量的正常行为模式，如每周更新一次，可以根据网络变化情况而定。

把整个流量模型建立过程可归结为如下三步：第一，建立流量的正常行为模式；第二，平稳化流量过程；第三，估计 ARMA(2,1) 模型的参数 φ_1、φ_2、θ_1。归纳如下：

// S_{ij}（其中 $i=1,2,\cdots,8$，$j=1,2,\cdots,1440$）表示采集的 8 周流量

// 第一步

Loop1 $j=1$ to $j=1440$ //剔除坏值，并计算各时刻剩下的观测值的平均值

      $m=0$;   // m 表示被剔除坏值的个数

L1: $x_j=\dfrac{1}{8-m}\sum\limits_{i=1}^{8-m}S_{ij}$;   //计算观测值的平均

      $\nu=\sqrt{\dfrac{1}{8-m}\sum\limits_{i=1}^{8-m}(S_{ij}-x_j)^2}$; //计算未被剔除的观测值标准差

      $\max s=0$;   //表示与平均值的偏差的最大值

    Loop11 $i=1$ to $i=8-m$ //求与平均值偏差最大的值及序号 n

        if $\mid S_{ij}-x_j\mid>\max s$ then

        $\{\max s=\mid S_{ij}-x_j\mid$; $n=i;\}$

        end if

    end Loop11

      If $\max s>k\nu$ Then   //格拉布斯准则系数 $k=2.03$

      $\{S_{nj}=S_{n+1j}$; $S_{n+1j}=S_{n+2j}$; $\cdots$; $S_{(8-m-1)j}=S_{(8-m)j}$; //坏值后面的各观

                          //测值相应地向前移一步

      $m=m+1$;   //出现一个坏值

        goto L1 $\}$ //开始下一次坏值判断

        end if

end Loop1   //第一步得到各个时刻平均值，即正常行为模式 x_j

      sum $=0$;   //计算周平均

loop2 $j=1$ to $j=1440$

      sum $=$ sum $+x_j$

end loop2

// 第二步

      $\mu=$ sum$/1440$;   //周平均

      $\beta_i=(x_{(i-1)\times288+1}+x_{(i-1)\times288+2}+\cdots x_{(i-1)\times288+288})/288-\mu$ //日偏差

      $\alpha_k=(x_k+x_{k+288}+x_{k+2\times288}+\cdots+x_{k+4\times288})/5-\mu$ //时刻偏差

      $y_j=x_j-\mu-\alpha_{j_1}-\beta_{j_2}$ //其中，

      // $j_1=j$ 被 288 除所得余数，当 j 是 288 的整数倍时，$j_1=288$，

//$j_2 = [j/288] + 1$，这里 $[x]$ 表示小于 x 的最大整数(不含相等)

//$y_j (j = 1, 2, \cdots, 1440)$ 就是所求残差

//第三步

　　根据式(2.3)计算 γ_i ;　　　其中 $i = 0, 1, 2, \cdots, 1439$　　//i 阶协方差

　　根据式(2.4)计算 ρ_i ;　　　其中 $i = 0, 1, 2, \cdots, 1439$　　//i 自相关函数

　　根据式(2.5)计算 φ_1 和 φ_2 ;　　　　　　　　　//估计 ARMA 模型参数

　　根据式(2.6)计算 z_t 的零阶、一阶自协方差 $\gamma_0(z_t)$、$\gamma_1(z_t)$;

　　根据式(2.7)计算 z_t 的一阶自相关函数 ξ_1

　　根据式(2.8)计算 ARMA 模型参数 θ_1

　　最后得到 $y_t = \varphi_1 y_{t-1} - \varphi_2 y_{t-2} + a_t - \theta_1 a_{t-1}$　　　　//输出结果

　　为了适应网络的不断变化，例如随着网络中节点的增加，网络中的流量呈现出逐渐上升趋势，假设 γ_k 是各个月份的平均与总平均 μ 的偏差，其中，$k = 1, 2, \cdots, 12$，那么式（2.1）变为

$$X_{ijk} = \mu + \alpha_i + \beta_j + \gamma_k + y_{ijk}$$

　　其余的计算过程基本类似。这样，由于流量建模方法考虑了多种因素对流量的影响，进行相应地处理，所以具有很好的适应性。

小　　结

　　建立网络流量模型可以分析网络性能，其最大优点是能够进行异常检测和预测。由于多种复杂因素的影响，如作息时间、网络自身等，网络流量是非常不确定的，针对实际网络流量的周期性趋势，本章提出一种可以建立网络正常行为模式的方法，通过方差分析的方法，对实际网络中非单播包的观测值时间序列平稳化，建立自回归滑动平均模型，利用该方法建立的网络流量行为模型。该方法计算过程简单，解决了极不确定的网络流量的建模问题。算法都可以离线完成，而且具有很好的适应性。在实际应用中，把实时采集到的数据与模型结合起来，可以发现网络的异常情况，将在第 3 章进行详细阐述。

　　在实际应用中，可以定期刷新一次流量的正常行为模式，如每周更新一次，需根据网络变化情况而定。

　　为适应网络的不断变化，例如网络中节点的增加，网络中的流量呈现出逐渐上升趋势。假设 γ_k 是各个月份的平均与总平均 μ 的偏差，其中，$k = 1, 2, \cdots, 12$，那么式（2.1）应改为 $X_{ijk} = \mu + \alpha_i + \beta_j + \gamma_k + y_{ijk}$。其余各步骤计算过程类似。

参 考 文 献

[1] Basu S, Mukherjee A, Klivansky S. Time series models for internet traffic [C]. Proceedings of IEEE International Conference on Computer Communications, 1996: 611-620.

[2] Adas A. Traffic models in broadband networks [J]. IEEE Communications Magazine, 1997, 35 (7): 82-89.

[3] B Maglaris, D Anastassiou, P Sen, et al. Performance models of statistical multiplexing in packet video communications [J]. IEEE Transactions on Communications, 1988, 36 (7): 834-843.

[4] Sang A, Li S. A predictability analysis of network traffic [C]. Proceedings of IEEE International Conference on Computer Communications, 2000: 342-351.

[5] Norros I. On the use of fractional brownian motion in the theory of connectionless networks [J]. IEEE Journal of Selected Areas in Communications, 2006, 13 (6): 953-962.

[6] 王振龙. 时间序列分析 [M]. 北京: 中国统计出版社, 2000.

[7] 李桂成, 杨玉森, 魏晓丽. 测量误差及数据处理原理 [M]. 长春: 吉林大学出版社, 1990.

[8] Wilfrid J Dixon, Frank J Massey. Introduction to statistical analysis [M]. New York: McGraw-Hill Book Company, 1983.

[9] C S Hood, C Ji. Proactive network fault detection [J]. IEEE Transaction on Reliability, 1997, 46 (3): 333-341.

[10] Marina Thottan, C Ji. Adaptive thresholding for proactive network problem detection [C]. IEEE International Workshop on Systems Management, 1998: 108-116.

[11] M Thottan, C Ji. Proactive anomaly detection using distributed intelligent agents [J]. IEEE Network, 1998, 12 (5): 21-27.

[12] 霍俊. 时间序列预测分析 [M]. 北京: 中国发明创造者基金会, 中国预测研究会, 1984.

[13] S Basu, A Mukherjee, S Klivansky. Time series models for internet traffic [C]. Proceedings of IEEE International Conference on Computer Communications, 1996: 611-620.

[14] George E P Box, Gwilym M Jenkins, Gregory C Reinsel. 时间序列分析—预测与控制 [M]. 顾岚, 范金诚, 译. 北京: 中国统计出版社, 1997.

[15] 冯文权. 经济预测与决策技术 [M]. 武汉: 武汉大学出版社, 1994.

[16] 杜金观, 项静怡, 戴俭华. 时间序列分析—建模与预报 [M]. 合肥: 安徽教育出版社, 1991.

第 3 章

网络流量建模及预测

随着计算机网络的迅速发展，目前的网络规模极为庞大和复杂，基于网络的应用急剧增长。网络互联环境越复杂，就意味着网络服务越容易出现问题，网络的性能越容易受到影响。为给用户提供优质的服务，网络的维护和管理显得尤为重要。

网络监测是网络管理基础的部分，网络监测的目的是收集关于网络状态和行为的信息，收集的信息包括与配置相关的静态信息和与网络事件相关的动态信息，以及从动态信息中总结出来的统计信息。网络流量的管理是网络监测的一个重要方面，包括监测流量异常及其诊断，流量异常问题的解决两个阶段。一般来说，检测流量问题是通过设定阈值来测试实现的。例如，当以太网中每秒内的非单播包数超过 50 个时，就发出广播风暴的警报，可能在屏幕上显示用红颜色表示的消息，提醒网络管理人员采取恢复措施。但是，当收到这样的警报时，往往没有时间来采取纠正措施。在网络管理中，网络流量模型起着非常重要的作用。建立恰当的网络流量模型也不是一件很容易的事情，建立什么样的模型，这个问题仍在研究。

在流量工程中，网络流量模型用于预测网络性能和评价接入控制机制。准确的网络流量模型能捕获实际网络流量的统计特征。一个模型如果不能捕获实际流量的统计特征，将容易引起差网络性能变差，因为它们要么过高估计网络性能，要么低估了网络性能。例如，普遍认为通信网络中的短期到达过程（Short-Term Arrival Process）可以用 Poisson 过程准确描述。流量模型必须有可管理的参数个数，参数估计必须简单。目前已有许多随机模型用于描述网络流量，可以分为稳定的和不稳定的两种。稳定的流量模型又分为短相关模型和长相关模型两类。短相关模型包括马尔可夫过程和自回归模型、自回归滑动平均模型（ARMA）以及自回归求和滑动平均模型（ARIMA）；长相关流量模型包括 F-ARIMA 和 Fractional Brownian Motion[1]，若采用 ARMA 模型，它不能建立长相关的模型，因此只能进行短期预测。

实现预测技术的有 LMS 过滤器、Karlman 过滤器、神经网、自回归模型、自回归滑动平均，以及分形自回归求和滑动平均模型（F-ARIMA）和小波模型（Wavelet）[2]。LMS 过滤器不适宜描述不稳定的网络流量；Karlman 过滤器在预测实现之前要求过程的统计信息，这在实时性的预测过程中不能保证；神经网技术适宜描述流量的不稳定性，但是它的计算量通常都很大；F-ARIMA 和小波模型则是用于捕获长相关特性。应用 ARMA 模型可以进行短期的预测，它比 AR 模型具有更小的预测误差方差。

3.1　网络流量预测相关研究

所谓预测问题，实质上就是以过去的已知状况作为输入，在预测算子的作用下，得到未来结果输出的过程[3]，如图 3.1 所示。过去的状况尽管是已经发生的事情，但已经发生的不等于是人们认识的，已经记录的数据可能漏失了相当的信息，也可能提供某些错误的信息。预测算子的选择关系到对预测问题的认知，这与人们的认知有关，在所有预测知识当中，有很大部分是人们还不清楚的，因此预测容易带有主观性。一般而言，预测不存在唯一和确定的方法。

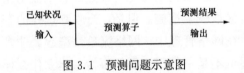

图 3.1　预测问题示意图

从数学上来说，预测就是从一个时间序列的过去的数据估算整个系统的统计参数，确定预测算子，应用统计方法进行预测[4]。统计预测方法在许多领域都有广泛的应用，它是以概率统计为基础，统计量（平均值、方差等）为对象进行的预测，可以反映客观的规律性。应用统计预测的方法预测网络流量，是一种定量的、定时的预测，即确定某个流量在未来某个时刻的数值，是一种短期预测的行为，它直接影响到当前的网络管理者对网络运行情况的判断，需要较高的精确度。

应用到网络流量预测的方法也很多，主要有最小均方误差预测、神经网络、自回归滑动平均模型预测、F-ARIMA 模型预测等，每种预测方法都有各自的特点。

最小均方误差预测实际上是一种线性估计。由于在许多实际问题中人们通常缺乏对观测数据及待估参量精确的概率与统计的知识，而只有它们的一、二阶矩方面的统计特性。这时人们比较喜欢采用最佳线性估计，即假定估计量只是观测数据的线性函数的前提下，以均方误差最小为准则去寻求对估计量的估计，即最小均方误差预测。这种估计运算相对比较容易实现。但是，一般而言，由于线性估计放松了对观测数据与待估参量的先验概率知识方面的要求，只利用它们的一、二阶矩方面的统计特性，估计质量会稍差一些。因为其实现简单，而且在某些情况下，特别是先验概率分布为高斯分布时，最小均方误差估计往往也就是最佳的估计，因为一、二阶矩特性也充分代表了高斯型随机矢量的概率统计特性。但是，这种方法只能是近似的，它的显著特点是计算简单，所以线性估计的应用广泛[5,6]。

神经网络是由多个非常简单的处理单元彼此按某种方式相互连接而形成的计算系统，该系统是靠其状态对外部输入信息的动态响应来处理信息。在无输入与输出变量之间的规范的准确关系情况下，便可以从个别经验数据关系的实例进行自学，通过训练理解，找到一般规律，并且当面临新情况时，可以由得到的规律进行"联想"和"思维推理"以预测未来，从而做出正确判断。神经网络可以用来实现非线性动态时间序列预测模型，神经网技术适宜描述流量的不稳定性[7]。但是其实现和训练的复杂性限制了神经网络在预测中的应用，它的计算量通常都很大。

自回归滑动平均模型的特点在前面已有介绍，主要特点是：①模型适合短时的预测，有很高的预测精确度；②计算量比较小，可以进行实时地建立模型。利用这种模型预测网络流量，许多情况下取得了很好的效果[8]。

F-ARIMA 模型被认为是同时具有长相关和短相关特性的模型，同样采用最小均方误差方法预测，它不但可以对流量进行短期预测，还可以预测长期的网络流量[9]，但相较 ARMA 模型，其形式复杂，计算量大。

3.2　建立网络流量模型

为进行网络流量的预测，需要建立网络流量模型。有关预测理论表明，任何预测都不可能完全准确，都存在预测误差和预测误差方差，在基于 ARMA 模型的最小均方误差预测中，可以得到预测误差方差。用类似于第 2 章流量预处理的方法，建立流量的 ARMA(2,1) 模型，然后用最小线性均方误差方法预测流量。由于测量参数的方差会随均值的增大而增大，这样的测量值不能模型化为标准正态随机变量[10]。为了减小预测误差，必须减小测量参数的均值，而取对数是减少标准差的一种有效技术。因此，首先对流量的观测值取对数，然后在对取对数的结果进行与第2章相同的预处理办法。通过取对数的办法，对流量的观测值进行转换，这样可以减小预测误差的标准差，使得流量的预测更准确。

图3.2所示为网络流量预测的过程。首先对采集的实际观测值进行预处理，然后建立模型 ARMA(2，1)，再进行真实流量的预测，最后进行预处理的逆过程，得到实际预测流量。

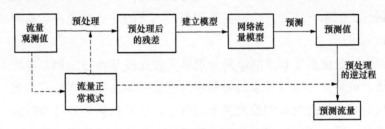

图 3.2　网络流量预测过程

3.2.1　预处理

对真实网络流量取自然对数，再进行与第2章相同的平稳化处理。在对观测值正常行为模式（见图 2.6）取自然底的对数后得到图 3.3 所示序列。这里仍然假定 S_{ij} 是图 2.6 中的流量正常行为模式序列，用 μ 表示 $\ln S_{ij}$ 的总平均，α_i 表示在第 i 个时刻 $\ln S_{ij}$ 的平均值与总平均值 μ 的偏差，β_j 是第 j 天 $\ln S_{ij}$ 的平均值与总平均值 μ 的偏差，即

$$\mu = \frac{\sum\limits_{j=1}^{5}\sum\limits_{i=1}^{288}\ln S_{ij}}{5 \times 288} \ ; \ \alpha_i = \frac{\sum\limits_{j=1}^{5}\ln S_{ij}}{5} - \mu \ ; \ \beta_j = \frac{\sum\limits_{i=1}^{288}\ln S_{ij}}{288} - \mu$$

网络流量的正常行为模式是由前 8 周的流量观测值建立的，现在对接下来一周的流量观测值 X_{ij}（见图 2.8）建立 ARMA(2，1) 模型。X_{ij} 取对数后进行分解，即

$$\ln X_{ij} = \mu + \alpha_i + \beta_j + y_{ij} \tag{3.1}$$

$$y_{ij} = \ln X_{ij} - \mu - \alpha_i - \beta_j \tag{3.2}$$

观测值序列 X_{ij} 经过整个预处理后的结果 y_{ij} 如图 3.4 所示。图 3.5 所示为预处理前后的流量观测值的自相关函数。由图中可见，对整个预测处理过程前后，自相关函数发生了很大的变化，处理后的序列已接近于平稳序列，可以用 ARMA 模型拟合。

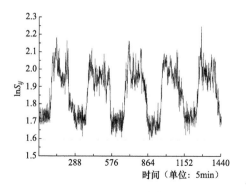

图 3.3　正常行为模式取对数后

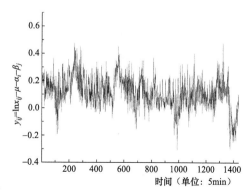

图 3.4　X_{ij} 预处理后的序列

3.2.2　模型识别

根据样本自相关函数和偏自相关函数的拖尾特性初步判断序列适合 ARMA 模型，以及用残差方差图定阶方法[11]来确定 ARMA 模型的阶数。其中自相关函数如图 3.5 所示，偏自相关函数如图 3.6 所示，它们都表现出拖尾特性，所以残差适合 ARMA 模型。图 3.7 所示为残差方差图，与第 2 章相同的方法，可以判断 ARMA 模型的阶数，即 ARMA(2，1)。

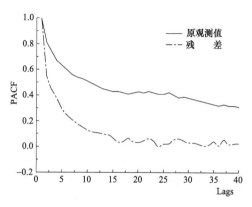

图 3.5　X_{ij} 预处理前后的自相关函数

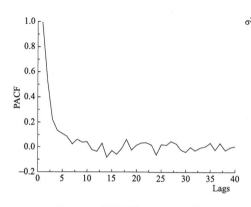

图 3.6　残差的偏自相关函数

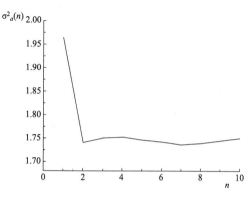

图 3.7　残差方差图

3.2.3 模型估计

对处理后的时间序列 y_{ij}，与第 2 章类似，同样建立自回归滑动平均混合模型 ARMA(2，1)，即

$$\varphi(B)y_{ij} = \theta(B)a_{ij}$$

式中：B 是后移算子；a_{ij} 是高斯白噪声。

其中

$$\varphi(B) = 1 - \varphi_1 B - \varphi_2 B^2$$
$$\theta(B) = 1 - \theta_1 B$$

用矩估计方法，求得参数如下

$$\varphi_1 = 0.98861 ; \quad \varphi_2 = -0.08235 ; \quad \theta_1 = 0.67572 ; \quad \sigma_a^2 = 1.74350$$

这里的 φ_1 和 φ_2 同时满足以下三个条件：$\varphi_1 + \varphi_2 = 0.90626 < 1$；$\varphi_2 - \varphi_1 = -1.07096 < 1$；$|\varphi_2| < 1$。这也说明残差序列是平稳的。于是拟合的 ARMA(2，1) 模型为

$$y_t = 0.98861 y_{t-1} - 0.08235 y_{t-2} + a_t - 0.67572 a_{t-1}$$

这里的 t 与式 (3.1)、式 (3.2) 中的 i、j 相关，即，i 是 t 被 288 除所得余数，且当 t 是 288 的整数倍时，$i = t/288$；$j = [t/288] + 1$，这里 $[x]$ 表示小于 x 的最大整数。

3.3 网络流量预测

时间序列的预测利用一个时间序列在 t 时刻的有效观测值去预测在某个未来时刻 $t+l$ 该序列的值，假定观测值是在时间的离散、等间隔区间上得到的。例如，在一个销售预测问题中，当前月份 t 的销售额 x_t 和已往月份的销售额 X_{t-1}，X_{t-2}，X_{t-3}，…可以用来预测提前 $L(=1，2，3，…，12)$ 个月的销售额。$\hat{X}_t(l)$ 记在原点 t 对未来某个时刻 $t+l$ 的销售额 X_{t+l} 所做的预测值，也就是提前期为 l 的预测。函数 $\hat{X}_t(l)$，$l = 1，2，…$，给出了在原点 t 对所有未来提前期的预测值，它被称为在原点 t 的预测函数。目的是得到一个这样的预测函数，使得对于每一提前期 l，实际值与预测值之间偏差 $X_{t+l} - \hat{X}_t(l)$ 的均方尽可能小。

根据流量模型，用线性最小方差预测方法预测流量，即用 X_{t+l} 的条件期望值 $\hat{X}_t(l)$ 作为预测值，这时预测均方误差最小[11]。

由于对流量观测值序列 X_{ij} 进行式 (3.2) 的预处理得 y_t，然后根据 y_t 的

ARMA 模型，可以得出预测值 $\hat{y}_t$（或 $\hat{y}_{ij}$），因此需要经过预处理的逆过程才得出流量的预测值，即

$$\ln\hat{X}_{ij} = \mu + \alpha_i + \beta_j + \hat{y}_{ij} \tag{3.3}$$

从而，有

$$\hat{X}_{ij} = e^{\mu + \alpha_i + \beta_j + \hat{y}_{ij}} \tag{3.4}$$

下面分别进行 1 步和多步流量预测。

3.3.1 1 步预测

用 ARMA 模型预测时，有两种方法进行 1 步预测，这两种方法分别是模型递推法和逆函数法。这两种方法的预测均方误差是相等的。

若线性最小均方误差为 η^2，l 为向后预测步数，则 l 步预测最小均方误差为[11]

$$\eta^2(l) = \sigma_a^2(G_0^2 + G_1^2 + G_2^2 + \cdots + G_{l-1}^2)$$

式中：σ_a 为随机干扰 a_t 的标准差；$G_0, G_1, G_2, \cdots, G_j, \cdots$ 为 ARMA 模型的格林函数〔$G_0 = 1$，$G_1 = \varphi_1 - \theta_1$，$G_j = \varphi_1 G_{j-1} + \varphi_2 G_{j-2} (j \geqslant 2)$，$\varphi_1$、$\varphi_2$ 和 θ_1 为 ARMA 模型的参数〕。

从 η 的表达式中看出，η 与预测时间 t 无关，只与预测的步数 l 有关，预测的时间越远（即 l 越大），预测的最小均方误差 η 就越大，表示对越远的将来越不可预测，这是符合实际情况的。1 步至多步预测的均方误差分别是 1.74、1.91、2.00、2.07、2.13、2.17、2.21、2.24、2.26、2.28，预测误差逐渐增大。

下面先计算 ARMA 模型序列的 1 步预测，分别采用模型递推法和逆函数法两种方法计算 1 步预测值。

1. 模型递推法

模型递推法预测就是根据模型自身的关系式，一步一步往回推，求出随机干扰项 a_t，来进行预测值的估计。根据 ARMA(2, 1) 模型，有

$$y_t = \varphi_1 y_{t-1} - \varphi_2 y_{t-2} + a_t - \theta_1 a_{t-1}$$

可得

$$\hat{y}_t(1) = E(y_{t+1}) = \varphi_1 y_{t-1} - \varphi_2 y_{t-2} - \theta_1 a_{t-1}$$

且有

$$a_{t-1} = y_{t-1} - \varphi_1 y_{t-2} + \varphi_2 y_{t-3} + \theta_1 a_{t-2}$$
$$a_{t-2} = y_{t-2} - \varphi_1 y_{t-3} + \varphi_2 y_{t-4} + \theta_1 a_{t-3}$$

令 $a_{t-3} = 0$

于是
$$a_{t-2} = y_{t-2} - \varphi_1 y_{t-3} + \varphi_2 y_{t-4}$$

其中，ARMA 模型参数是已知的。上述的递推过程还可以继续下去，越往后推，不但增加计算量，而且并不意味着计算得越精确，所以这里只递推到得出 a_{t-2}。在预测时，只要按照上述转换过程相反的顺序，一步一步往回计算，计算式为

$$a_{t-2} = y_{t-2} - \varphi_1 y_{t-3} + \varphi_2 y_{t-4}$$

即可算出 a_{t-2}、a_{t-1}、a_t，最后得到一步预测值 $\hat{y}_t(1)$。在这里，模型递推法预测只用到过去的三个观测值 y_{t-1}、y_{t-2}、y_{t-3}。

2. 逆函数法

逆函数法计算 1 步预测值公式[11]为

$$\hat{y}_t(1) = \sum_{j=1}^{m} I_j y_{t+1-j} \qquad (3.5)$$

式中：m 是自然数；$I_1, I_2, \cdots, I_j, \cdots$ 是 ARMA 模型的逆函数 $\big[I_1 = \varphi_1 - \theta_1$，$I_2 = \varphi_2 + I_1\theta_1$，$I_3 = I_{j-1}\theta_1$ $(j > 3) \big]$。

当 ARMA 模型平稳时，逆函数 I_j 是趋于零（当 $j \to \infty$ 时），因此可根据精确度要求来确定 m 的值。这一点在模型递推预测方法中是难以做到的，该预测方法需要 m 个观测值计算。对于一个确定的 ARMA 模型，它的逆函数 $I_1, I_2, \cdots, I_j, \cdots$ 是确定的，只要把预测时的观测值 $y_t, y_{t-1}, y_{t-2}, \cdots, y_{t+1-m}$ 直接代入式 (3.5) 中，便可得出一步预测值。

3.3.2 多步流量预测

当预测步数大于或等于 2 时（即 $l \geq 2$），把 y_{t+l} 的条件期望值 $\hat{y}_t(l)$ 作为预测值[11]。因为

$$y_{t+l} = \varphi_1 y_{t+l-1} - \varphi_2 y_{t+l-2} + a_{t+l} - \theta_1 a_{t+l-1}$$

$$E(y_{t+l}) = \varphi_1 E(y_{t+l-1}) - \varphi_2 E(y_{t+l-2}) + E(a_{t+l}) - \theta_1 E(a_{t+l-1})$$

又因在 t 时刻，当 $l > 1$ 时，正态分布的 a_t 的期望值是零，即

$$E(a_{t+l}) = 0 , \ E(a_{t+l-1}) = 0$$

那么

$$\hat{y}_t(l) = E(y_{t+l}) = \varphi_1 E(y_{t+l-1}) - \varphi_2 E(y_{t+l-2}) = \varphi_1 \hat{y}_t(l-1) - \varphi_2 \hat{y}_t(l-2)$$

所以，当 $l = 2$ 时，有

$$\hat{y}_t(2) = \varphi_1 \hat{y}_t(1) + \varphi_2 y_t \qquad (3.6)$$

当 $l > 2$ 时，有

$$\hat{y}_t(l) = \varphi_1 \hat{y}_t(l-1) + \varphi_2 \hat{y}_t(l-2) \tag{3.7}$$

因为在 t 时刻，y_t 是已知的，1 步预测中已经得到 $\hat{y}_t(l)$，所以代入式（3.6）中可以得到 $\hat{y}_t(2)$，再代入式（3.7）中，从而可以逐步计算出 $\hat{y}_t(3)$，$\hat{y}_t(4)$，…，即可得到多步预测值。

3.4 真实流量预测

本节包括三个方面的真实流量预测：①用模型递推法预测流量，检验预测效果；②比较用两种预测方法进行 1 步预测的不同效果；③与没有进行流量平稳化的预测结果进行比较。

当预测时间较短时，预测效果较好，预测效果随着预测时间的延长而变差，因此这种预测方法是一种短期预测方法。用模型递推和逆函数方法预测有相同的最小均方预测误差，从预测结果来看，两种方法的预测结果差别不大，且随着预测时间越长，差距越来越小，这两种预测方法略有不同：逆函数预测方法可以满足不同的预测准确性要求。经过比较表明，经过流量平稳化后的预测好于未进行流量平稳化的预测。

3.4.1 用模型递推法预测

为了更好地分析预测的效果，再对 2001 年 7 月 24 日（星期二）的下午 4：15 至 8：25 共 50 个实际观测值进行预测，用模型递推法预测 1～10 步的流量，如图 3.8 所示。表 3.1 是部分预测结果。从图 3.8 中可以看出，短期预测相对误差的绝对值一般在 10% 以内。从图中可以看出，当预测时间比较短时，预测的效果较好。随着预测步数的增加，预测的均方误差逐渐增大，预测效果变差，说明这种预测方法适合短期内的预测，不适宜长期预测。

表 3.1 实际观测值与预测值对比

预测步数	实际观测值	预测值	相对误差（%）	预测步数	实际观测值	预测值	相对误差（%）
1	7.25662	7.17716	−1.1	6	6.91582	7.18905	4.0
2	6.67740	7.17431	7.4	7	6.72698	7.19199	6.9
3	6.76886	7.17812	6.0	8	7.40780	7.19462	−2.9
4	6.87093	7.18212	4.5	9	7.35232	7.19699	−2.1
5	6.92048	7.18577	3.8	10	8.07210	7.19911	10.8

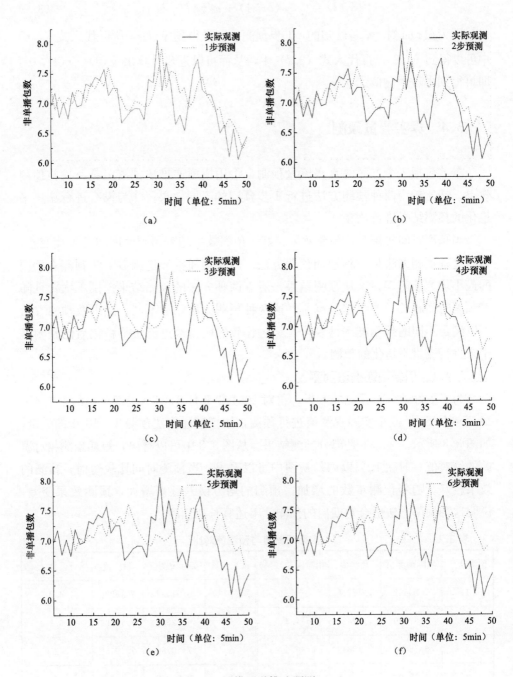

图 3.8　用模型递推法预测（一）

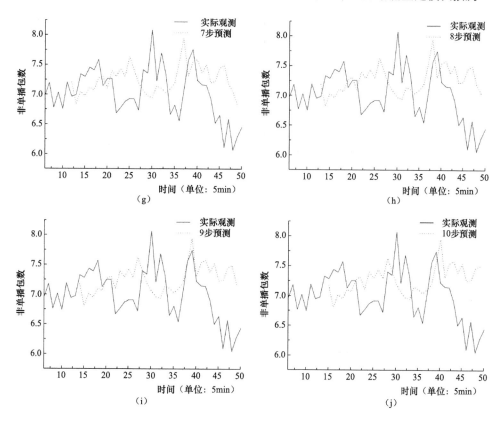

图 3.8 用模型递推法预测（二）

3.4.2 模型递推和逆函数法预测的比较

分别用两种预测方法预测 2001 年 7 月 23 日（星期一）上午 7：00 到 9：20 的流量，共 24 个采样值（采样时间间隔仍然是 5min），由于这期间是上班时间，所以流量呈现逐渐上升趋势。把同一时刻的预测值和实际流量观测值放在一起进行比较，如图 3.9 所示。图中，"l"表示预测步数，"R"表示实际观测值，"M"表示模型递推预测，"N"表示逆函数预测。

由图 3.9 可以看出，当预测步数较小时，两种预测方法预测的结果略有差别，但是随着预测步数的增大，两种方法计算得到的预测值越来越接近，但是它们的预测均方误差一样。

3.4.3 与 ARMA 直接预测的比较

现在对进行流量预处理的预测与未经过预处理直接预测进行比较。不经过预处理的预测就是直接用 ARMA（2，1）模型拟合而直接预测。用两种方法同时进行 1～100 步预测。在图 3.8 中显示了 50 个实际观测值，以观测值的最后一个点（$t=50$）作为预测原点预测 1～100 步的值，计算结果如图 3.10 所示。从图中可以看出，有预处理的预测比直接预测的各步预测值随时间增加更慢地趋近于均值，从这一点上来说，经过预处理后的预测优于直接预测[4]。

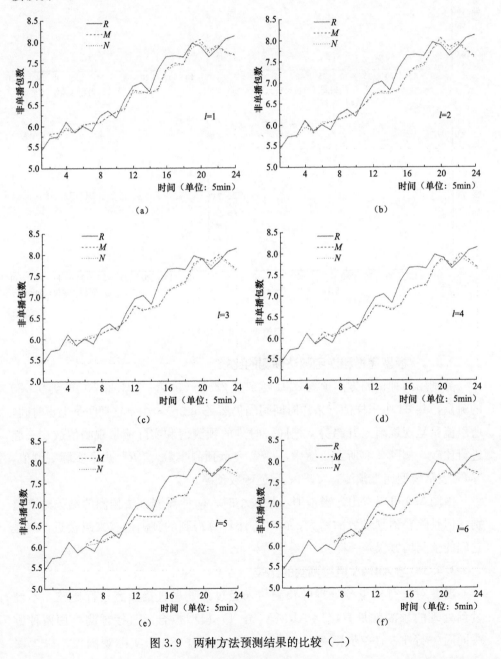

图 3.9　两种方法预测结果的比较（一）

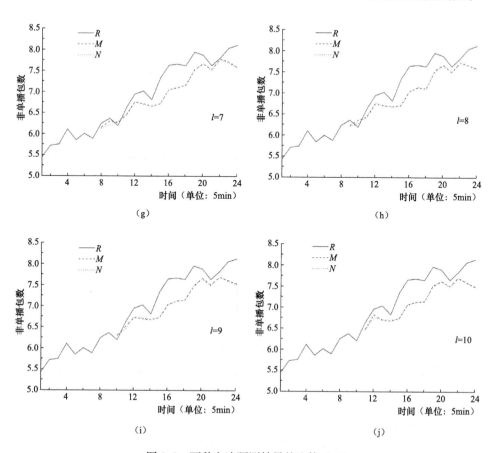

图 3.9 两种方法预测结果的比较（二）

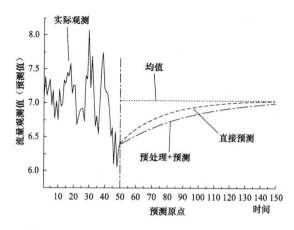

图 3.10 有预处理的预测方法与直接预测的比较

3.5 流量过载预测

网络流量过载预警，即判断流量在未来某一时刻是否超越某一给定的阈值。这里提出一种概率预测方法，对预先给定一个阈值 U，计算在未来流量超过 U 的概率。

假设预先给定上界阈值为 U，它经过与流量预处理相同的转换后得 $T_t(l)$〔它与时间是有关的，对于同一个阈值 t，经过转换后，不同 t 的阈值 $T_t(l)$ 也不同〕，即

$$T_t(l) = \ln U - \mu - \alpha_i - \beta_j \qquad (3.8)$$

其中，i、j 与 $t+l$ 有关。例如，当 $t+l = 289$ 时，它表示周二的第一个值，那么 $i = 1, j = 2$，它们的关系可以由下式确定：

(1) i 为 $(t+l)$ 被 288 除所得余数，且当 $(t+l)$ 是 288 的整数倍时，$i = (t+l)/288$；

(2) $j = [(t+l)/288] + 1$，这里 $[\ ]$ 表示取整函数。

如果在 t 时刻预测 $(t+l)$ 时的观测值超越阈值 $T_t(l)$ 的概率 $P_t(l)$，那么 $P_t(l)$ 可表示为

$$P_t(l) = P[y_{t+l} > T_t(l) \mid y_t, y_{t-1}, y_{t-2}, \cdots, y_{t-m}]$$

其中，m 的取值因一步预测方法的不同而不同，它表示在计算预测值时所依赖的过去观测值的个数，与逆函数预测方法中的 m 大小相同，而在模型递推法预测中 $m=3$。分析 ARMA(2，1) 模型

$$y_t = 0.98861 y_{t-1} - 0.08235 y_{t-2} + a_t - 0.67572 a_{t-1}$$

从模型本身可以看出，在 $t-1$ 时刻只有 a_t 是随机变量，其余三个量 y_{t-1}、y_{t-2} 和 a_{t-1} 是已知的，由于假定 a_t 服从正态分布的，所以 y_t 也服从正态分布，那么，$y_{t+1}, y_{t+2}, \cdots, y_{t+l}$ 也服从正态分布。因为上述预测方法是对观测值的条件期望预测，而且有线性最小均方误差预测的方差 $\eta^2(l)$，即

$$[y_{t+l} - \hat{y}_t(l)]^2 = \eta^2(l)$$

所以为了计算 $P_t(l)$，可以对 $y_t(l)$ 进行正态标准化，记 $x_t(l)$ 为标准化后的随机变量，所以有

$$x_t(l) = \frac{y_{t+l} - \hat{y}_t(l)}{\eta(l)}$$

那么，$x_t(l)$ 的期望值为

$$E[x_t(l)] = E\left[\frac{y_{t+l} - \hat{y}_t(l)}{\eta(l)}\right]$$

$$= \frac{1}{\eta(l)} E \big[y_{t+l} - \hat{y}_t(l) \big]$$

$$= \frac{1}{\eta(l)} \big[E(y_{t+l}) - \hat{y}_t(t) \big]$$

$$= 0$$

$x_t(l)$ 的方差为

$$\mathrm{Var}\big[x_t(l) \big] = E \Big[\Big(\frac{y_{t+l} - \hat{y}_t(l)}{\eta(l)} - E \big[x_t(l) \big] \Big)^2 \Big]$$

$$= E \Big[\Big(\frac{y_{t+l} - \hat{y}_t(l)}{\eta(l)} \Big)^2 \Big]$$

$$= \frac{1}{\eta^2(l)} E \big[(y_{t+l} - \hat{y}_t(t))^2 \big]$$

$$= \frac{1}{\eta^2(l)} E \big[\eta^2(l) \big]$$

$$= 1$$

所以，$x_t(l)$ 是服从均值为 0、方差为 1 的标准正态分布，因此有

$$P_t(l) = P(y_{t+l} > T_t(l))$$

$$= 1 - P(y_{t+l} \leqslant T_t(l))$$

$$= 1 - P \Big(\frac{y_{t+l} - \hat{y}_t(l)}{\eta(l)} \leqslant \frac{T_t(l) - \hat{y}_t(l)}{\eta(l)} \Big)$$

$$= 1 - P \Big(x_t(l) \leqslant \frac{T_t(l) - \hat{y}_t(l)}{\eta(l)} \Big)$$

$$= 1 - \varPhi \Big(\frac{T_t(l) - \hat{y}_t(l)}{\eta(l)} \Big) \tag{3.9}$$

其中，$\varPhi(x)$ 表示标准正态分布的累积分布函数。式（3.9）表明：当给定流量阈值时，就可以计算出流量在未来某个时刻过载的概率。

由式（3.8）可以看出，当阈值 U 越大，转换后的阈值 $T_t(l)$ 也越大，在其他参数保持不变时，$\varPhi(x)$ 就越大，$P_t(l)$ 就越小，也就是说预测值超越上限（阈值）的可能性越小。当其他参数不变，预测值越大，那么 $\varPhi(x)$ 越小，相应地，$P_t(l)$ 就越大，或者说预测值超越阈值的可能性就越大。另外，$P_t(l)$ 随 $\sigma(l)$ 的增大而增大，这些与实际情况是相符合的。

考虑一种极端情况。当阈值 U 趋于正无穷大时，$T_t(l)$ 同样也趋于无穷大，$\hat{y}_t(l)$ 是预测值，显然它是有限的，那么 $\varPhi(x)$ 的值趋近于 1，于是 $P_t(l) = 0$，即任何时候的预测值都不可能超越无穷大。

上面只讨论了预测值超越上界的问题，实际上，下界超越阈值问题也可类似处理。例如，下界阈值设为 V，当然这里的网络流量不可能为负数，所以，相应地只需考虑 $V > 0$ 的情形，那么进行阈值转换

$$L_t(l) = \ln V - \mu - \alpha_i - \beta \tag{3.10}$$

在 t 时刻预测 $(t+l)$ 时的流量超越阈值 $T_t(l)$ 的概率为

$$P_t(l) = P(y_{t+l} < L_t(l) \mid y_t, y_{t-1}, y_{t-2}, \cdots, y_{t-m})$$

那么，有

$$
\begin{aligned}
P_t(l) &= P(y_{t+l} < T_t(l)) \\
&= P(y_{t+l} \leqslant T_t(l)) \\
&= P\left(\frac{y_{t+l} - \hat{y}_t(l)}{\eta(l)} \leqslant \frac{L_t(l) - \hat{y}_t(l)}{\eta(l)} \right) \\
&= P\left(x_t(l) \leqslant \frac{L_t(l) - \hat{y}_t(l)}{\eta(l)} \right) \\
&= \Phi\left(\frac{L_t(l) - \hat{y}_t(l)}{\eta(l)} \right)
\end{aligned}
$$

由式（3.10）中可以看出，当下界阈值 $V(V > 0)$ 减小时，经过式（3.6）转换后的阈值 $L_t(l)$ 也减小；若其他参数保持不变，$\Phi(x)$ 也将会减小，$P_t(l)$ 也就减小，也就是说预测值超越阈值的概率就相应地减小。同样，当其他参数不变，预测值越大，$\Phi(x)$ 就越小，因此相应的 $P_t(l)$ 就越小，或者说预测值超越阈值的可能性就越小。另外，$P_t(l)$ 随 $\sigma(l)$ 的增大而减小。

这种情况下的极端情形是，当阈值 $V(V > 0)$ 无限趋于零时，根据式（3.10），$L_t(l)$ 同样也趋于负无穷，即 $\Phi(x) \to 0$（趋近于 0），那么 $P_t(l) \to 0$。

3.6　流量过载预测方法评价

为验证预测检测方法的有效性，用实际观测数据计算预测值超越阈值的概率。利用图 3.9 中的实际观测值验证上述预测方法，这些数据是早上 7 点到 9 点 20 分的 24 个观测值。设定阈值 $U = 6.78$，它的大小介于图 3.9 中数据的中间，选取中间的一个值是为了进行比较。计算超过的概率，为进行比较，定义一个理想的超越阈值的概率为

$$P_t^*(l) = \begin{cases} 1 & (y_{t+l} > U) \\ 0 & (y_{t+l} \leqslant U) \end{cases}$$

$P_t^*(l)$ 之所以是理想的，是因为 $P_t^*(l)$ 表示：在 $(t+l)$ 时的实际观测值超过阈值 U 时，$P_t^*(l) = 1$；在 $(t+l)$ 时的实际观测值低于阈值 U 时，$P_t^*(l) = 0$。$P_t(l)$ 表示：在 t 时刻预测 $(t+l)$ 时的流量超越阈值 $T_t(l)$ 的概率。若 $P_t^*(l) = P_t(l)$，则表示当实际观测值超过阈值 U 时，预测超过阈值 U 的概率正好等于 1；当实际观测值低于阈值 U 时，预测超过阈值 U 的概率正好是 0。换句话说，

预测的概率是实际情况是完全相同的，百分之百的准确。事实上，这个结果显然是不可能实现的，所以称 $P_t^*(l)$ 为理想概率，用它作为参照，与 $\hat{P}_t(l)$ 相比较，可以看出预测方法的效果。

　　图 3.11 和图 3.12 所示分别为用模型递推和逆函数方法预测 1～10 步的结

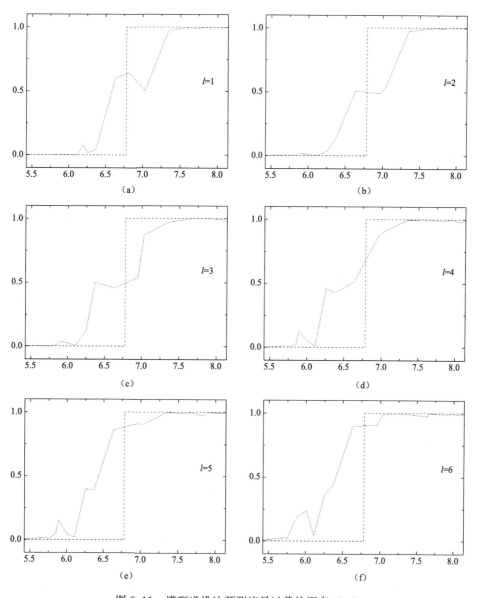

图 3.11　模型递推法预测流量过载的概率（一）

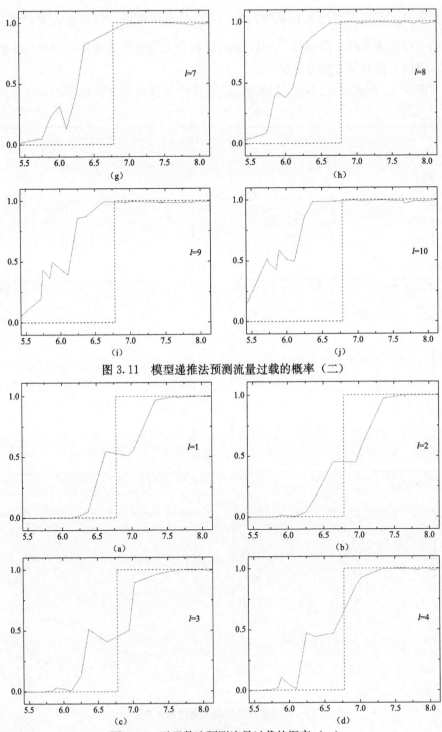

图 3.11　模型递推法预测流量过载的概率（二）

图 3.12　逆函数法预测流量过载的概率（一）

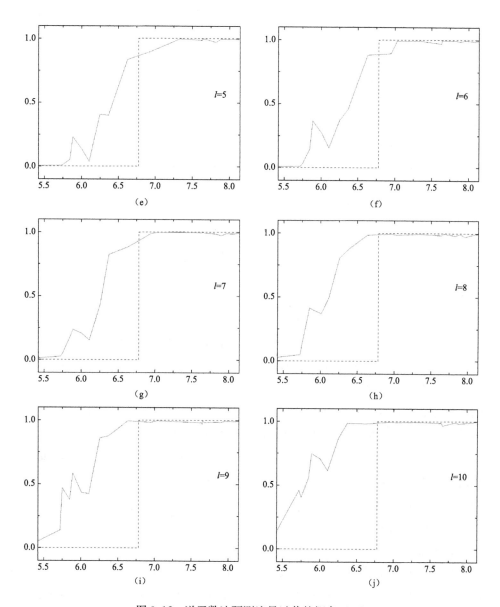

图 3.12　逆函数法预测流量过载的概率 (二)

果。在这两个图中,"l" 表示预测步数,水平轴表示网络流量的实际观测值,纵轴表示相应预测的流量超过阈值 U 的概率,虚线表示理想概率 $P_t^*(l)$。

　　由图 3.11、图 3.12 可以看出:预测流量过载的方法得到很好的效果。计算预测概率和理想概率之间的标准差,其结果见表 3.2,例如,1 步预测、2 步预测概率与理想概率之间的标准差分别是 0.040、0.041。可见,预测概率和理想的概率相比较，总体上说趋势是一致的。预测时间越远，超过阈值的概率逐渐增大。经过对模型递推和逆函数两种方法的比较，它们之间没有明显的差异。逆函数预测方法中，取 $m = 20$ ；而模型递推预测方法中，取 $m = 4$。因此，模型递推预测计算更简单。

表 3.2   预测概率与理想概率之间的标准差

预测步数	1	2	3	4	5	6	7	8	9	10
模型递推	0.040	0.041	0.042	0.042	0.049	0.061	0.072	0.083	0.092	0.101
逆函数	0.040	0.040	0.043	0.043	0.050	0.059	0.073	0.081	0.092	0.103

小　　结

在以往对流量的预测中，通常是将得到的预测结果与实际流量进行对比，而本章则解决了流量的过载预测问题。可以归结为对于给定的一个上、下限范围 $[L, U]$ ，预测流量在未来某一时刻超出上限、下限的概率分别为 P_L 、P_U 。经过实际流量验证表明，流量过载的预测结果与实际情况基本一致。预测概率与理想概率之间的差别较小（例如，1 步骤预测、2 步预测概率与理想概率之间的标准差分别是 0.040、0.041）。该方法试图改变以往的网络监测中"先报警，再处理"的响应式的方法，实现网络流量过载的预警功能。

由于对流量进行预处理，改善了预测效果，预测的相对误差较小，短期预测的相对误差绝对值一般在 10% 以内。预测的均方误差下降，例如，1 步预测的均方误差从 5.65 下降为 1.74，2 步预测的均方误差从 7.07 下降至 1.91。

为了适应网络不断发展的特点，可以定期（每周、一个月或两个月）刷新流量的正常行为模式及流量模型。从对实际预测效果来看，自回归滑动平均模型在短期内的流量预测均方误差比较小，取得较好的效果，短期预测的相对误差绝对值一般在 10% 以内（见表 3.1）；但是长期预测的均方误差增大，效果不很理想（由图 3.8 和图 3.9、图 3.11 和图 3.12 可以看出）。

利用建立的网络流量模型，根据预测超过概率的大小，可以预测网络流量过载的发生及其发生的时间，对网络的规划、优化和控制都有重用的意义。在网络维护过程中，如果提供这样的功能，网络管理员可以根据实时预测的概率，预测网络流量过载的可能性，必要时采取预防措施或及时修复，尽可能地在网络服务受到严重影响之前就得以恢复，还可以确定超过阈值的时间，这就为网络的实时监测提供预警的功能。

参　考　文　献

[1] Abdelnaser Adas. Traffic models in broadband networks [J]. IEEE Communications Magazine, 1997, 35 (7)：82 - 89.

[2] Dongxu Shen. Prediction of network traffic for network management [D]. New York：Rensselaer Polytechnic Institute, 1998.

[3] 王耀生. 智能预测系统设计及其应用 [M]. 北京：气象出版社, 1990.

[4] 张有为. 预测的数学方法 [M]. 北京：国防工业出版社, 1991.

[5] A M Adas. Using adaptive linear prediction to support real - time VBR video under RCBR network service model [J]. IEEE/ACM Transaction on Networking, 1998, 6 (5)：635 - 644.

[6] D Morato, J Aracil, L A Diez, et al. On linear prediction of Internet traffic for packet and burst switching networks [C]. Proceedings of the Tenth International Conference on Computer Communications and Networks, 2001：138 - 143.

[7] E S Yu, C Y R Chen. Traffic prediction using neural networks [C]. Proceedings of IEEE Global Telecommunications Conference, 1993, 2：991 - 995.

[8] Sang A, Li S. A predictability analysis of network traffic [C]. Proceedings of IEEE International Conference on Computer Communications, 2000：342 - 351.

[9] 舒炎泰, 王雷, 张连芳, 等. 基于 FARIMA 模型的 Internet 网络业务预报 [J]. 计算机学报, 2001, 24 (1)：46 - 54.

[10] D Shen, J L Hellerstein. Predictive models for proactive network management：application to a production web server [C]. Proceedings of IEEE/IFIP Network Operations and Management Symposium, Hawii, 2000：833 - 846.

[11] 王振龙. 时间序列分析 [M]. 北京：中国统计出版社, 2000.

网络流量异常检测

随着网络规模的迅速扩大和网络技术的发展，网络出现各种性能问题的可能性也随之增大。传统的网络管理工具通常根据预先设定的阈值来报警，这种方法虽然简单，但适应性不好，因此出现了网络流量异常检测技术。有时异常检测技术不但能发现网络故障，而且具有预警的效果[1]。本书作者提出一种新的实时网络流量异常检测方法，通过平稳化处理网络流量观测值序列，然后建立 AR 模型，定义一个新的统计量检测异常。实验结果表明，该检测方法效果良好。

4.1 研究背景

4.1.1 网络监测

在早期的 ARPANET 中，当网络运行出现异常时，管理员通常使用应用程序 ping 向可能有问题的网络设备发 icmp 报文，根据返回的 icmp 报文头部的时戳，一般就可以确定问题的性质和方位。由于当时的网络规模很小，网络设备不多，这种方法还是很有效的。随着 ARPANET 规模不断扩大，上述方法就显得力不从心了。为了适应 ARPANET 规模的不断扩大，1988 年 SNMP（Simple Network Management Protocol）发展起来，它是一个被广泛接受和使用的网络管理协议，已经成为一个事实上的标准。20 世纪 90 年代网络规模迅速发展，最终形成覆盖全球的 Internet。庞大的网络规模、设备的复杂多样性以及各种新业务的加入，使得网络出现各种问题的可能性大大增加，这就对网络管理提出了更大的挑战。网络监测是网络管理中最基础的部分，是网络管理人员的主要任务。网络监测的目的是提高服务质量、提高资源利用率，在用户报告问题之前开始诊断或解决问题，提高网络的可靠性和可用性，提供网络规划参考以及安全和计费等。网络监测通过监测网络的状态判断网络的运行状况。网络的状态一般是通过网络流量、性能或配置参数的不同来确定，把这些参数统称为网络参数。

网络监测过程分为三个阶段[2]：①收集网络数据，收集的数据包括与配置相关的静态数据、与网络事件相关的动态数据和从动态数据中总结出来的统计数据；②数据处理，对收集的数据进行处理，主要是从中提取那些超过阈值的数据信息；③信息融合，对报告的信息进行综合分析，检测是否出现问题，并分析产生问题的原因。在第一个阶段，收集网络数据主要有两种方法：一种是用一台机器在网络中帧听；另一种方法是直接从网络对象（如路由器）上获取简单网络管理协议（SNMP）代理的管理信息库（MIB）数据。第一种方法通常需要专门的硬件支持，实现比较困难。第二种方法基于简单网络管理协议轮询管理信息库的方法，易于实现。在最后一个阶段信息融合方面已有大量的研究，方法多种多样，但基本上是采用人工智能方法。在数据处理阶段，应用最普遍的方法是阈值方法，如何确定阈值是个难点，因为网络的性能或流量参数都是非常不确定的。

4.1.2　网络异常

为了弥补阈值方法的不足，尽可能地从收集的网络数据中获取一些细微的重要信息，出现了对网络"异常"的研究。1990 年，R. A. Maxion（Carnegie Mellon University）对网络的"正常"和"异常"给出如下的描述[3]："正常"意味着符合某种常规或典型的模式，以一种自然的方式——常规的或所预料的状态、形式、数量或程度发生，"正常"强调符合某种已经建立的水准或模式，并保持良好状态，是建立在一定趋势基础上的。而"异常"则意味着违反了这种期望，与期望的情形有一定程度的偏差。不过，在网络系统中，"正常"行为的概念会由于网络的动态变化、噪声和不稳定性而不断发生改变，所以网络"正常"行为的确定还必须随着网络环境的改变而改变。网络异常通常意味着网络的性能或流量参数等出现异常。通过检测网络异常可以检测网络故障或性能问题，因为网络中的异常行为常常预示着发生了或即将发生网络故障或性能问题[3]。

引起网络异常的原因主要：①网络自身设备发生故障，如路由器、交换机或链路发生故障，直接致使网络的拓扑结构变化，重新路由，从而造成数据丢失、网络流量过载、网络拥塞，服务器的软件系统发生故障导致整个服务器崩溃。②社会的原因，如一个国家或宗教休息日、重大体育活动、政治危机。③自然原因，如地震、洪水灾害等现象。④恶意对网络的攻击。

根据导致网络异常的不同原因把网络异常分为以下三类[4]：网络故障异常、瞬间大量访问异常和网络攻击异常。网络故障异常是指由于网络故障导致的网络异常。例如，当网络中的一个服务器发生故障，导致该网络中的一个路由器接口收到的流量迅速降低，出现异常现象；当网络中的某一链路发生故障，导致的路由器上发送的字节数的观测值迅速增长，这是由于链路故障导致重新路由产生的流量异常。瞬间大量访问异常是指在短时间内对网络中某个服务器的进行大量的访问导致的网络异常。如在短时间内对同一个 Web 服务器进行大量访问，服务器上吞吐量将发生迅速增长、IP 层接收或转发的数据包和 TCP 连接数等大大增加。网络攻击异常是指恶意地对网络某个目标进行攻击如 DoS 攻击和端口扫描攻击。网络攻击导致的网络异常特征与各种攻击手段相关，DoS 攻击导致被攻击的系统不能被访问。瞬间大量访问异常虽然不是恶意所为，但是如果大量访问域名服务器时会造成系统拥塞。如果大量的垃圾邮件同时发送到一个邮件服务器，会导致进入服务器的流量异常增多，严重的会导致服务器停机。

目前，关于网络攻击异常的研究比较多，主要是基于恶意攻击行为的特征来检测和识别网络异常。但是对于网络故障异常和瞬间大量访问异常的研究却不多，如何检测和识别它们还有待进一步的分析和研究。本章将对网络故障异常进行研究。

4.1.3　网络异常检测

R. A. Maxion 等人提出一种检测网络异常的具体方法[3,5]。通过建立网络流量和性能参数（如网络利用率、数据包碰撞数、数据包大小分布、广播数据包等）的正常行为模式，检测广播风暴及硬件故障。F. Feather 等人应用类似的异常检测方法（异常标签匹配）检测出广播风暴、网桥发生故障及其他硬件故障[6]。1997 年，C. S. Hood（Rensselaer Polytechnic Institute，伦斯勒理工学院）等人从 SNMP 代理的管理信息库中获取典型的网络流量数据，提取出这些数据中的异常信息，并应用贝叶斯网推理技术，检测网络故障[7]，并且具有预警功能。M. Thottan 和 C. Ji（Rensselaer Polytechnic Institute）应用广义似然比检验方法检测 MIB 库变量中的异常，结合各变量之间在空间和时间上的关系，进行网络故障的检测和诊断[8,9]，并提出利用管理信息库变量的异常信息对网络故障进行分类的方法[10]，还可以用于 IP 网络的流量管理[11]。Amy Ward 等人提出一种检测网络性能参数异常的方法来检测网络性能问题[12]。Rajesh Talpade 等人建立一个基于网络流量进行异常检

测的网络监测系统检测和定位网络异常[13]。L. Lawrence Ho 等人通过建立
网络流量基线的方法，检测网络的服务异常，并实现了一个具有预警功能的
自适应实时异常检测系统[14]。

因此，通过检测网络异常可以检测出许多的网络故障和性能问题，已经成
为检测网络故障和性能问题的一种有效方法。这种方法不仅可以提高网络的可
用性和可靠性、保证网络的服务质量，而且使以往的网络管理中"响应式"的
处理方式变成"预警式"服务成为可能，实现对网络故障或性能问题的预警功
能，以提供更好的网络服务。当流量出现了异常情况，再通过网络管理系统发
出告警通知，由网络管理人员着手解决出现的问题，这是一种"响应式"的行
为，即先出现问题，再进行处理的方式。这样的方式常常会使网络上的服务受
到影响。因为当网络管理人员发现这样的警报时，往往没有足够的时间来分析
和采取措施，很可能会影响网络的正常运行。研究结果表明，有些网络故障
（如设备损坏、电缆退化、广播风暴）或性能问题在发生之前会在网络流量或性
能参数中表现出异常行为[9]。因此，对这些参数进行异常检测可以使得网管人
员提前发现问题，从而有更多的时间分析问题，采取防范措施，避免更严重的
问题出现，或者减轻对网络的影响。

4.2 网络流量异常检测方法概述

这里对现有的网络异常检测技术进行详细的描述，不涉及数据的收集和警
报关联（信息融合）的内容。网络异常检测方法分为静态方法和动态方法两大
类。静态方法包括恒定阈值方法和自适应的阈值方法；动态的检测方法包括广
义似然比（Generalized likelihood Ratio，GLR）检测方法、基于指数平滑技术
的检测方法、Amy Ward 检测方法、基于小波技术的检测方法。

4.2.1 静态检测方法

1. 恒定阈值检测方法

恒定阈值检测方法是目前网络监测软件中最常用的方法，即对某个网络参
数给出确定的阈值，如果在某个时刻该参数的观测值超过这个阈值，发出告警
通知，如图 4.1 （a）所示。这种方法中，观测值的采样时间间隔通常是 5min。
例如，在监测软件 sniffer pro 中，可以设定一个以太网利用率的阈值（其中默
认的以太网利用率的阈值是 50%），当实际以太网的利用率高于这个阈值时，系
统自动产生警报。这种方法简便易行，但是需要丰富的网络管理经验，阈值选

择必须适当。如果阈值过高，那么当网络发生问题时不易察觉，从而失去设定阈值的意义；反之，如果阈值过低，将会造成过多的误报，使得网络维护人员无所适从，反而可能掩盖真正的警报信息。这种方法存在三个问题：第一，如何设定恰当的阈值是个难点；第二，难以发现一些细微的流量异常行为；第三，由于网络中的流量在不同的时间有很大的差距，对不同的时间采用同一个阈值显然过于粗糙。图 4.1 （b）、（c）所示分别为两种阈值方法设置过大或过小时检测不到的细微变化的情况。图中曲线表示网络流量的观测值序列，虚线表示阈值。图 4.1 （b）表示流量水平上移的异常，图 4.1 （c）表示流量短时间突变异常。由此可见，阈值太大或太小都是不可取的。

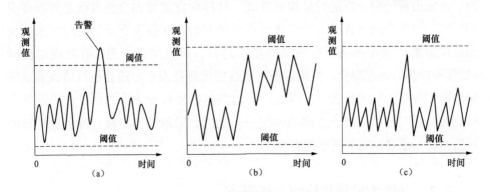

图 4.1　恒定阈值检测方法示意图

（a）能够检测到的情形；（b）检测不到的情形（一）；（c）检测不到的情形（二）

2. 自适应的阈值检测方法

在自适应的阈值检测方法中，对于某个流量参数，并不是应用唯一不变的阈值，而是根据网络实际流量总体趋势的不同，在每天中的不同时刻的采用不同的阈值。这种做法比恒定阈值方法更能符合网络检测的实际需要。自适应的阈值检测方法可以分为两个步骤：第一步，模型化正常行为（或称作建立基线）；第二步，建立边界（或称容许范围），这个边界就是用来区分网络正常行为与异常行为的界线。下面以文献[5]中的检测方法为例，介绍以太网中的异常检测。

Roy A. Maxion 等人应用自适应的阈值检测方法[5]，通过检测卡内基梅隆大学校园网中计算机系子网的利用率、以太网中的数据包碰撞数、数据包大小分布、广播数据包以及对流量大的用户流量统计，检测到广播风暴、人为的故障插入（故意产生大量的短数据包，持续数分钟）以及硬件故障（协议实现的问题）等。在同样的子网，F. Feather 等人应用类似的方法，通过检测网络负载、进出子网的数据包数、网络中发生的碰撞数、短数据包、长数据包、广播包等参数观测值中的异常，检测到广播风暴、网桥宕机、硬件故障等[6]，观测值的采样时间间隔是 5min。

在这种检测方法中，主要包括对观测值历史数据建立数学模型、模型的更新以及确定容许范围。以网络的利用率为例，从实际以太网中采集的网络利用率，在不同时刻的观测值差异很大。首先要消除数据中的显著差异性而保持原始形状和趋势，再用数学模型来近似地拟合这些散乱的数据。因为数学模型是时间的函数，即得到一条曲线，它可以作为这些数据的总体趋势的一种表示，反映数据中的总体上升、下降和周期性行为和顺序。这里采用一系列数据分析中采用的技术[15]平滑原始数据，得到数学模型为

$$z_t = 0.25y_{t-1} + 0.5y_t + 0.25y_{t+1}$$

该模型还不是一条平滑曲线，需要进一步平滑，再经过中值过滤、取得中值过滤后信号的导数、然后进行阈值处理、合成信号、调整总体幅度的一系列处理过程，才得到一条光滑的拟合曲线 $p(t)$，它表示观测值的正常行为，是 t 的函数。

上述过程仅仅是一天时间的正常行为，它不可能表示未来每天的正常行为。由于网络的动态性，网络行为会因为网络不断变化环境的影响而发生逐渐漂移，随着时间的推移会越来越远离当前的正常行为。因此，需要一种方法根据最近以来的观测值逐渐刷新每天的网络正常行为模型。这种刷新机制可以通过把当天的和前一天的网络行为混合起来，使得历史数据的影响起着主导作用。这种混合是经过下面的关系式来实现的

$$p(t) = \alpha[d(t) - p(t-1)] + p(t-1)$$

式中：$p(t)$ 是以太网利用率在时间 t 的预测值，即时刻 t 的正常模型；$d(t)$ 是时刻 t 的观测值；α 是加权常数，它控制新数据在模型中所占的比重，控制模型适应局部行为的快慢程度。

上述工作是整个自适应阈值检测方法的第一步，即模型化正常行为（也包括了正常模型的调整）。如果当前观测值完全符合这个正常行为模型，那么这个观测值就应该被认为是正常的。不过这种判断准则过于苛刻，因为期望一天的网络行为与前一天的行为完全匹配是不可能的，因此需要确定一个容许范围。当一个新的观测值在这个容许范围以内就被看作是正常的，否则就被认为是异常的。第二步需要解决的问题是如何确定容许范围，也就是建立正常行为的

边界。

　　获取容许范围需要以建立正常行为模型相同的方法计算得到。不同之处在于模型化正常行为的数据直接来自网络环境，即观测值本身，而容许范围的数据则是由这些观测值的标准差得到。也就是说，在每天的同一时刻，都有一个观测值，那么在过去一周（或 10 天，一个月）的每个时刻就有 7 个（10 个，30个）观测值，由这些观测值可以算出它们的标准差。当这个标准差，即容许范围确定之后，把它加到正常行为模型（曲线）上，得到正常行为的上边界，再由正常行为模型减去容许范围，就得到正常行为的下边界。如图 4.2 所示，根据所加标准差的个数的不同，可以确定为不同级别的容许范围。一般情况下，容许范围是采用标准差的 2～3 倍。图 4.3 是文献[5]中由于广播风暴导致的以太网数据包异常现象。应用上述方法对网络进行流量异常检测的还有文献[3]、[6]，此外，文献[14]也采用类似的检测方法。

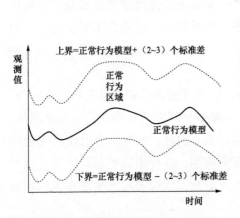

图 4.2　网络正常行为区域示意图

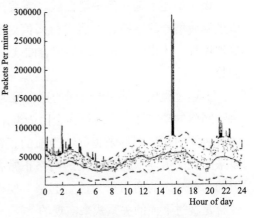

图 4.3　广播风暴导致的以太网数据包异常

4.2.2　动态检测方法

　　动态检测方法主要包括广义似然比检测方法、基于指数平滑技术的检测方法、Amy 方法和基于小波技术的检测方法。

　　1. 广义似然比检测方法

　　M. Thottan 和 C. Ji 利用广义似然比检测方法检测出网络的故障[16]。他们在 Rensselaer Polytechnic Institute 校园内计算机系子网中，从某个路由器上的管理信息库中收集 4 个典型的网络流量数据，即进入字节数（ifInOctets）、输出字节数（ifOutOctets）、转发数据报（ipForwDatagrams）、接收数据报（ipInReceives），收集流量的时间间隔为 15s。然后，利用广义似然比检测方法检测出这些流量数据中的异常情况，从而发现网络中出现了故障。利用现有的 SNMP Agent 提供的管理信息库资源，使得收集网络流量数据的过程更便捷。

广义似然比的具体做法如下：

首先，考虑检测序列中两个相邻的时间窗 $R(t)$ 和 $S(t)$，如图 4.4 所示。在实时检测过程中，这两个时间窗一步一个地向前移动，所以称它们为滑动窗口。应用似然比检验方法（关于似然比和似然比检验方法将在后面介绍），检验两个窗口 $R(t)$ 和 $S(t)$ 之间发生的异常变化。该方法假定每个时间滑动窗口内的部分（观测值序列的局部）是平稳的，那么每个时间滑动窗口可以应用时间序列理论中的自回归模型拟合。AR(2) 模型的形式是

$$x_t = \varphi_1 x_{t-1} + \varphi_2 x_{t-2} + a_t$$

式中：$\{x_t\}$ 表示时间序列，$t = 1, 2, \cdots$；φ_1 和 φ_2 是两个待定系数；a_t 是残差项，或称随机干扰；由于 $R(t)$ 和 $S(t)$ 都是局部的，所以 a_t 是独立正态分布随机变量[17]。

然后，计算出两个窗口序列中残差的联合似然比（有关似然比及似然比检验的概念将在第 4.3 节详细介绍），得到一个统计量，再取对数，得到对数似然比，应用似然比检验方法，检验两个窗口 $R(t)$ 和 $S(t)$ 之间发生了异常变化。即在与一个预先设定的阈值 T 相比较，当该统计量超过阈值 T 时，两个窗口 $R(t)$ 和 $S(t)$ 之间发生了异常变化，两个窗口 $R(t)$ 和 $S(t)$ 的边界就被认定为异常点；反之，就不是异常点。详细描述如下：

假定 $\{x_t\}$ 表示时间序列，$R(t)$ 和 $S(t)$ 是 $\{x_t\}$ 中相邻的两段，它们的长度分别是 N_R、N_S，它们作为滑动时间窗，如图 4.4 所示。

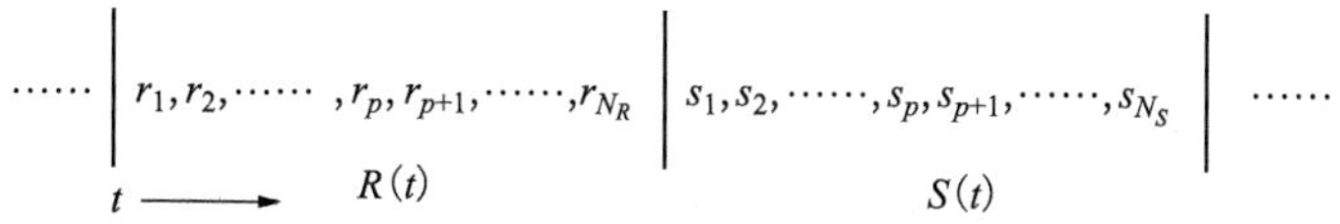

$$\cdots\cdots \;\Big|\; r_1, r_2, \cdots\cdots, r_p, r_{p+1}, \cdots\cdots, r_{N_R} \;\Big|\; s_1, s_2, \cdots\cdots, s_p, s_{p+1}, \cdots\cdots, s_{N_S} \;\Big|\; \cdots\cdots$$

$$t \longrightarrow \qquad R(t) \qquad\qquad\qquad S(t)$$

图 4.4　检测序列中的局部

考虑 $R(t) = \{r_1(t), r_2(t), \cdots, r_{N_R}(t)\}$，用 μ 表示 $R(t)$ 的均值，即

$$\mu = \frac{\displaystyle\sum_{i=1}^{N_R} r_i(t)}{N_R}$$

这里如果假定 $\widetilde{r_i}(t) = r_i(t) - \mu$，$\widetilde{r_i}(t)$ 就是一个均值为零、长度为 N_R 的序

列，近似地看作是平稳的，那么 $\tilde{r}_i(t)$ 可以模型化为二阶 AR 模型，残差为 $\varepsilon_i(i=1,2,\cdots,N_R)$，即

$$\varepsilon_i(t) = \sum_{k=0}^{2} \alpha_k \tilde{r}_i(t-k)$$

式中：α_k 是 AR(2) 的参数；$\varepsilon_i(t)$ 是白噪声；且满足 $N(0,\sigma_R^2)$。

$\varepsilon_i(t)$ 的似然函数为

$$p(\varepsilon_3,\varepsilon_4,\cdots,\varepsilon_{N_R}/\alpha_0,\alpha_1,\alpha_2) = \left(\frac{1}{\sqrt{2\pi\sigma_R^2}}\right)^{N_R'} \exp\left(\frac{-N_R'\hat{\sigma}_R^2}{2\sigma_R^2}\right)$$

式中：σ_R^2 是残余 $\varepsilon_i(t)$ 的方差；$N_R' = N_R - 2$；$\hat{\sigma}_R^2$ 是 σ_R^2 的协方差估计。

根据文献[18]，利用最大似然比估计方法，估计 σ_R^2 的协方差 $\hat{\sigma}_R^2$ 为

$$\hat{\sigma}_R^2 = \alpha' C \alpha$$

其中，$\alpha = (1,\alpha_1,\alpha_2)$；$C = [c_{ij}]$ 是 (3×3) 阶的协方差矩阵，且

$$c_{ij} = \frac{1}{N_R'} \sum \tilde{r}_{t-i} \tilde{r}_{t-j}, \quad i,j = 0,1,2$$

类似地，对 $S(t)$ 也可以得到似然函数为

$$p(\varepsilon_3,\varepsilon_4,\cdots,\varepsilon_{N_S}/\beta_0,\beta_1,\beta_2) = \left(\frac{1}{\sqrt{2\pi\sigma_S^2}}\right)^{N_S'} \exp\left(\frac{-N_S'\hat{\sigma}_S^2}{2\sigma_S^2}\right)$$

式中：β_0、β_1、β_2 表示模型化 $S(t)$ 时，AR(2) 的参数；σ_S^2 是残余 $\varepsilon_i(t)$ 的方差；$N_S' = N_S - 2$，$\hat{\sigma}_S^2$ 是 σ_S^2 的协方差估计。求它们的似然比为

$$l = \left(\frac{1}{\sqrt{2\pi\sigma_R^2}}\right)^{N_R'} \left(\frac{1}{\sqrt{2\pi\sigma_S^2}}\right)^{N_S'} \exp\left(\frac{-N_R'\hat{\sigma}_R^2}{2\sigma_R^2}\right) \exp\left(\frac{-N_S'\hat{\sigma}_S^2}{2\sigma_S^2}\right) \quad (4.1)$$

利用 l 进行似然比检验。假设，H_0 表示两个滑动窗 $R(t)$ 和 $S(t)$ 之间没有异常变化，H_1 则表示它们之间发生异常变化，若定义向量 α_R 和 α_S 为

$$\alpha_R = (\alpha_0,\alpha_1,\alpha_2), \quad \alpha_S = (\beta_0,\beta_1,\beta_2)$$

那么在 H_0 的假设下，有

$$\alpha_R = \alpha_S, \quad \sigma_R^2 = \sigma_S^2 = \sigma_2^2 \quad (4.2)$$

这里 σ_2^2 表示公共方差。在 H_1 的假设下，有

$$\alpha_R \neq \alpha_S, \quad \sigma_R^2 \neq \sigma_S^2 \quad (4.3)$$

将式（4.2）和式（4.3）分别代入式（4.1）中得 l_{H_0} 和 l_{H_1}，用 λ 表示 l_{H_0} 和 l_{H_1} 之比，那么

$$\lambda = \sigma_2^{-(N_R'+N_S')} \sigma_R^{N_R'} \sigma_S^{N_S'} \exp\left[\frac{-\hat{\sigma}_2^2(N_R'+N_S')}{2\sigma_2^2} + \frac{1}{2}\left(\frac{N_R'\hat{\sigma}_R^2}{\sigma_R^2} + \frac{N_S'\hat{\sigma}_S^2}{\sigma_S^2}\right)\right]$$

再利用最大似然估计，得到似然比对数为

$$-\ln\lambda = N'_R(\ln\hat\sigma_2 - \ln\hat\sigma_R) + N'_S(\ln\hat\sigma_2 - \ln\hat\sigma_S)$$

因为对数函数是严格单调的，所以取似然比 λ 的对数后，不影响这里的检验。适当选择一个阈值 h，当 $-\ln\lambda > h$ 时，认为在 $R(t)$ 和 $S(t)$ 之间发生异常变化；否则，当 $-\ln\lambda \leqslant h$ 时，就认为 $R(t)$ 和 $S(t)$ 之间没有发生异常变化。

广义似然比检测方法是一种比较常用的典型的方法，应用比较广泛。在许多关于网络异常或者故障的检测中得到应用[2,8,9,16]，并取得了较好的效果。它具有较强的检测能力。但是该检测方法计算过程过于繁杂，计算量大，而且有较长时间的延迟，对于在线检测方法来说，检测过程的复杂性和计算时间是两个必须重点考虑的特征。

2. 基于指数平滑技术的检测方法

文献[19]介绍了在网络监测软件 RRDtool 中使用的一种利用指数平滑技术检测网络异常的方法。这种检测方法实际上是利用预测技术得到下一个预测值，然后以这个预测值作为参照，考虑下一个实际观测值与该预测值的偏离大小。如果偏离超出一定范围就认为是异常。这个实时监测软件能够收集、存储以及可视化网络各参数的观测值序列，并集成了数学模型对观测值序列进行自动地异常检测，是一种灵活、有效的自动化检测工具，可以大大减轻网络管理人员的负担。监测的参数有经过路由器或交换机端口上的比特数、CPU 负荷、链路上的负荷等。通常观测值采样的时间间隔为 5min。

指数平滑是基于时间序列的一个简单统计模型进行预测的，指数平滑只需要序列自身的信息进行预测，而不需要其他序列的信息，是根据自身预测自身的一种预测方法。指数平滑技术检测方法中最简单的是简单指数平滑方法，适用于序列值围绕自身均值（常数）上下作随机波动的序列，这类序列既无趋势变动也无季节变动。在软件 RRDtool 中，应用的指数平滑技术有单指数平滑和 Holt-Winters 指数平滑。

简单指数平滑预测过程是依据平滑常数 α 进行递推计算的过程〔见式(4.4)〕。平滑常数 α 是介于 0 和 1 之间的一个小数（如 0.05），它使预测值与实际值相适应，对整个序列进行平滑以后得到的平滑值就是下一期的预测值。

Holt-Winters 法是指数平滑中的一种方法，它适用于对具有季节性影响的线性增长趋势的序列进行预测。这种方法计算常数项、趋势系数（即斜率）和季节影响的各个递推值，如果序列中不存在季节变动，可采用最简单的 Holt-Winters 模型法，就是不必考虑季节性影响。

文献[19]中将基于指数平滑技术的异常检测方法检测过程划分为三个步骤：

第一步，预测时间序列中下一个值的算法；第二步，度量预测值和实际观测值之间的偏差；第三步，判断观测值是否异常的机制（即判定它是否远离预测值）。

第一步，预测算法。假定 y_1，y_2，…，y_{t-1}，y_t，y_{t+1}，… 表示等时间间隔的观测值时间序列，m 表示每天的观测值个数，指数平滑就是给定当前值和当前的预测值时，预测时间序列中下一个值的简单算法。若 $\hat{y}_t$ 表示时间 t 的预测值（也称平滑值），$\hat{y}_{t+1}$ 表示时间 $t+1$ 的预测值（平滑值），y_t 表示时间 t 的实际值，那么，有

$$\hat{y}_{t+1} = \alpha y_t + (1-\alpha)\hat{y}_t \tag{4.4}$$

其中，α 是模型参数（即平滑常数），且 $0<\alpha<1$，它决定了预测值对过去值的指数衰减的快慢，这就是指数平滑。Holt-Winers 预测算法是以指数平滑算法为基础的算法。它假定观测值时间序列可以分解为三部分，即基线（Baseline）、线性趋势（Linear Trend）和季节性影响（Seasonal Effect）。Holt-Winers 预测值就为

$$\hat{y}_{t+1} = a_t + b_t + c_{t+1-m}$$

其中 a_t、b_t、c_t 分别称为基线、线性趋势和季节性趋势，其值分别为

$$a_t = \alpha(y_t - c_{t-m}) + (1-\alpha)(a_{t-1}+b_{t-1})$$
$$b_t = \beta(a_t - a_{t-1}) + (1-\beta)b_{t-1}$$
$$c_t = \gamma(y_t - a_t) + (1-\gamma)b_{t-m}$$

这里，α、β、γ 是算法的自适应参数，且 $0<\alpha,\beta,\gamma<1$，它们的值越大意味着当前值对未来的预测值影响越大，即算法自适应越快，那么预测值反应序列中最近的观测值越多，但是对过去值的成分就少，表示遗忘得越快。

第二步，度量预测值和实际观测值之间的偏差。定义预测偏差为

$$d_t = \gamma|y_t - \hat{y}_t| + (1-\gamma)d_{t-m}$$

其中，d_t 是在 t 时的预测偏差，那么置信区间为

$$(\hat{y}_t - \delta_- d_{t-m}, \hat{y}_t + \delta_+ d_{t-m})$$

在置信区间中通常取 $\delta_- = \delta_+$。

第三步，异常检测。当一个观测值 y_t 落在置信区间外，y_t 是异常的，否则就是正常。

参数的设定如下：

参数 α 的初值计算式为

$$\alpha = 1 - \exp\left[\frac{\ln(1 - \text{total weights as}\%)}{\#\text{of time points}}\right] \tag{4.5}$$

其中，ln( ) 表示自然对数。如果希望在最后 45min 内的观测值（观测值的时间间隔为 5min，共 9 个点）占 95％的权重，那么

$$\alpha = 1 - \exp\left[\frac{\ln(1-95\%)}{9}\right] = 0.28$$

即 $\alpha = 0.28$。

参数 β 是捕获比一个季节性周期更长时间的线性趋势，因此选择 β 应当占指数平滑中较小的权重，仍然应用上述 α 的估计式。例如，如果周期是一天每 5min 一个观测值（每天 288 个点），那么当最后一天的观测值占用的权重为 50％时，$\beta = 0.0024$。

参数 γ 也可以使用上述式（4.5）来确定，它控制季节性变化系数。

根据统计分布理论[20]，参数 δ 通常取值为区间 [2, 3] 中的数。选择 2 能检测更多的网络故障或性能问题，但是这也意味着将出现更高的误报率；选择 3 正好相反，虽然会出现较低的误报率，但是可能有些网络故障或性能问题难以发现。以上两种选择是互相矛盾的，在具体应用中需要根据实际情况做适当调整。

3. Amy Ward 检测方法

Amy Ward 等人[12] 提出了一种统计检测方法检测网络性能问题。把这种方法简单称为 Amy Ward 检测方法。这种检测方法的主要思想是建立网络参数在正常运行情况下的一种模式特征，当参数偏离正常行为时不符合这种模式，从而可以被检测出来。在 Digital Equipment Corporation 的两个代理网关上采集数据，采样时间是 15min。采集数据包括请求连接总数（也称为代理网关的吞吐量）、TCP_IP Established 状态的连接数、TCP_IP Syn_Sent 状态的连接数、TCP_IP Syn_Rcvd 状态的连接数。其中，TCP_IP Established 状态的连接数表示已经建立连接的数量，TCP_IP Syn_Sent 状态的连接数表示代理服务器已经发送连接请求且在等待外部响应的数量（主动连接时），TCP_IP Syn_Rcvd 表示代理服务器已经接收内部机器的连接请求且在等待建立连接前确认的数（被动连接时）。通过检测这些数据的异常可以发现网络性能严重下降的问题。

该方法是建立在以下三个假设的基础上的：

（1）在一定的时间内，所选择的参数过程是平稳的。$\vec{X}_i$ 表示第 i 个工作日的某个网络参数观测值组成的向量，即如果观测值的时间间隔是 5min，则每天 24h 共有 288 个观测值，那么 $\vec{X}_i$ 就是 288 维的向量。假定 $\vec{X}_n$（$n \geqslant 0$）与 $\vec{X}_{n+k}$（$k \geqslant 1$）具有相同的分布。

（2）满足大数定律。每天的同一个时间的观测值收敛于一个期望值，即如果 X_i^j 表示序列中第 i 个工作日的第 j 个观测值，那么对于足够大的 n 有

$$E[X_i^j] \approx \frac{1}{n}\sum_{i=1}^n X_i^j$$

同时，对周末也作相同的假设。

（3）与正常过程行为的偏差能反应网络问题。当网络出现问题时，过程可能表现出"奇怪"的行为。也就是说，过程行为必须表现得很"奇怪"，使得某些相关的参数表现出的行为与正常行为之间存在一定的偏差。

当收集到各个参数足够的观测值时，可以进行异常检测。整个检测过程可以分为下列四步：

1）丢弃已经收集的观测值序列中发生问题时的数据；

2）假定是当时间 t 充分大时，各参数过程服从正态分布，并且已经证明这种假设是成立的；

3）确定各参数过程在各个时间的均值 $\bar{X}_t$ 和标准偏差 $\bar{\sigma}_t$；

4）调整识别偏离观测值的界限。在这里先对观测值进行转换

$$Z_t = \frac{X_t - \bar{X}_t}{\bar{\sigma}_t}$$

那么对充分大的时间 t，Z_t 可以近似地看作一个标准正态分布变量。该方法给出建议的经验值，确定观测值是否异常的界限是 $Z_t < -2.3$ 或 $Z_t > 3.0$。

例如，当 TCP_IP Syn_Sent 状态的连接数与 TCP_IP Syn_Rcvd 状态的连接数之比出现一个向上跳跃（突变），而代理网关的吞吐量却下降时，那么就是外部网络出现问题。主要原因有：①在 TCP_IP Syn_Sent 状态消耗时间的长短反映了外部网络的健康状况，这个时间长如果出现迅速增长说明外部网可能存在问题；②在 TCP_IP Syn_Rcvd 状态消耗时间的长短则反映了内部网络的健康状况，这个时间如果出现迅速增长说明内部网可能存在问题；③这时代理网关的吞吐量也下降就表明网关代理处理外部连接请求很缓慢。

在实际使用中要逐渐调整该界限，使得既能尽量地检测到发生的故障，误报率又尽可能小。

这种检测方法假设的前提条件是要求在建立模式特征和检测期间，流量参数（或性能参数）过程是平稳的，这个条件过于苛刻。满足大数定律要求 n 充分大，即要求每天的同一个时间的观测值收敛于一个期望值，对实际网络来说，由于网络自身的动态性，会受到一定程度的制约。

4. 基于小波技术的检测方法

小波分析是近十几年才发展起来并迅速应用到信号处理和图像处理等众多领域的一种数学工具,属于时频分析的一种方法,它比傅里叶(Fourier)分析有着许多本质性的进步。小波分析具有多分辨率分析的特点,而且在时频两域都具有表征信号局部特征的能力,是一种窗口大小固定不变但其形状可改变,时间窗和频率窗都可以改变的时频局部化分析方法。即在低频部分具有较高的频率分辨率和较低的时间分辨率,在高频部分具有较高的时间分辨率和较低的频率分辨率,很适合于探测正常信号中夹带的瞬态反常现象并展示其成分,所以被誉为分析信号的显微镜。

小波变换能有效地从信号中提取信息,通过伸缩和平移等运算功能对函数或信号进行多尺度分析(Multiscale Analysis),可以解决傅里叶(Fourier)变换不能解决的许多困难问题。

信号中的奇异点及不规则的突变部分经常带有比较重要的信息,它是信号重要的特征之一[21]。例如,在故障诊断(特别是机械故障诊断)中,故障通常表现为输出信号发生突变,采集被监控物体在运行过程中所发生的信号时,当被监控物体突然跳动、产生断裂、发生故障或发生特殊变化时,采样信号就会发生突变。检测这些信号,判断这些信号的特点,就可以对运行故障进行分析、判断和控制,因而对突变点的检测在故障诊断中有着非常重要的意义。长期以来,傅里叶变换是研究函数奇异性的主要工具,其方法是研究函数在傅里叶变换域的衰减以推断函数是否具有奇异性及奇异性的大小。但是傅里叶变换缺乏局部性,它只能确定一个函数奇异性的整体性质,而难以确定奇异点在空间的位置及分布情况。小波变换具有空间局部化性质,因此,可以利用小波变换来分析信号的奇异性及奇异性位置。

由于网络流量中有些异常信息一般不易被发现,因此,小波变换被用来检测网络数据中的异常,进一步提高检测网络异常的能力。

小波变换可得到低频系数(或叫作近似系数)和高频系数(或叫作细节系数),其中低频系数反映原始信号的轮廓,而高频系数则是反映信号的细节。根据信号理论可知,信号中的奇异性往往是由于频率突变造成。也就是说,这种奇异性一般是通过频率的异常变化而反映出来,那么只要把信号中的频率变化情况提取出来,且能确定其位置,就可以发现信号中奇异性并确定奇异性发生的时间。小波变换正好能满足上述要求,小波变换的高频系数可以突出奇异性,可以用于信号中异常的检测和定位。

小波变换适宜应用于研究和分析异常的特性，使得它在许多系统的故障或性能问题的检测中有广泛的应用。文献[22]首先对网络参数（如呼叫建立中的连接时间和 DNS 查询时间，以及下载数据时间等）观测值序列进行小波变换，得到多尺度的高、低频系数，再对小波变换的系数以滑动窗口的方式进行假设测试，然后由一个决策函数检测网络异常。

4.2.3　异常检测方法的分析和比较

上述的六种网络异常检测方法中，每种方法都各有其特点和适用范围。

总结已有的网络异常检测方法，见表 4.1。每一种检测方法都存在各自的适用范围和特点，对阈值方法来说，当阈值设置不恰当时，难以检测出网络流量中的细微变化。广义似然比方法是检测网络流量异常的一种比较精确的统计方法，但是它对短时间内的流量突变异常行为的检测能力不强；基于指数平滑技术的异常检测方法、AmyWard 方法和基于小波技术的检测则适合于检测具有较长采样时间间隔（如 5min）的网络流量或性能参数，基于指数平滑技术的检测方法用于检测网络流量异常，AmyWard 方法用于检测服务器上 TCP 连接数，而小波技术的检测方法则应用于检测建立 TCP 连接时间、DNS 查询时间、Web 延迟时间和数据传输时间出现的异常。

表 4.1　　　　　各种网络异常检测方法的比较

检测方法	需要的历史数据量	计算过程的复杂程度	应用普遍性	检测延迟时间
恒定阈值	很小或不需要	—	普遍	0
自适应阈值	很大	复杂	较普遍	0
GLR 检测方法	很小	较复杂	较普遍	相当于滑动窗口大小的延迟
基于指数平滑技术的方法	中	易	较少	0
Amy Ward 方法	很大（且要求严格的假设条件）	中	较少	0
基于小波技术的检测方法	需要大量数据	很复杂	较少	相当于滑动窗口大小的延迟

从表 4.1 可以看出，上述检测方法各有优缺点。对于实际运行的网络来说，网络环境常常会发生各种变化，例如新增或取消网络中的应用，以及硬件环境的变化等。因此，要从稳定的网络环境中采集大量历史数据，不是一件容易的事情。这使得恒定阈值和自适应阈值两种方法的应用受到限制。

除广义似然比和基于指数平滑技术的检测方法之外，其他四种检测方法都需要大量的历史数据。一般来说，在不具备大量历史数据的情况下，可选择广义似然比和基于指数平滑技术的检测方法。前者的计算较复杂，而后者存在检测能力不强，误检测率不高的弱点[19]。

综上所述，探索新的网络异常检测方法具有重要意义。

4.3 残差比异常检测方法

对于一个网络管理者而言，一个重要任务就是确保网络具有一定的可靠性，使得网络能够正常运行。

网络监视是网络管理的基础。网络监视主要通过收集关于网络元素状态和行为的信息来分析网络的运行状况。目前，收集的网络信息量（包括网络流量）往往都很大，如何从大量的信息中自动获取有用的信息对维护网络的正常运行是至关重要的。网络中流量的异常现象常常蕴涵着即将或正在发生的某种网络问题（如网络故障、性能下降），一些网络设备（如路由器、交换机和链路）发生故障会导致流量表现为统计上的异常现象[3,16,19]。有些异常信息是网络管理人员感兴趣的重要信息，也有些流量异常信息并不一定意味着网络存在或即将发生问题，但是根据流量的统计特性来判断网络异常，必然会造成误判的情况。理想的情况是在正确识别所有感兴趣的异常的前提下，使得误判的可能性最小，然而这是很难达到的，因此在两者之间存在一个折中的问题。

因为时间序列模型有两个重要特点：第一，可以用模型描述和评价异常干预事件对时间序列特性的影响；第二，由时间序列的当前和过去值对未来值的预测[23]。另外，本章研究的出发点是：①检测网络流量中的异常，把网络流量观测值序列中的异常作为一个时间序列中受到异常干预事件对时间序列特性的影响来研究，希望通过对网络流量观测值序列中异常点的描述和评价来检测并分析网络流量观测值序列中的异常点。时间序列模型的第一个特点正好符合要求；②利用时间序列模型预测网络流量的异常。时间序列模型作为研究网络流量的一种方法，已经取得了很好的效果[7,8,16]，有着很好的应用前景。因此，本章应用时间序列模型对流量进行处理和分析。

在广义似然比检测方法中，应用了 AR 模型对流量观测值进行处理，考察两个滑动窗口之间的异常变化关系，决策函数定义为关于两个滑动窗口的统计量。这种方法的不足之处在于对短时间内发生的流量突变异常检测效果差，因此作者提出一种实时网络流量的异常检测方法——残差比异常检测方法。这种方法同样应用 AR 模型对流量观测值进行处理，定义的决策函数则是关于一个点和滑动窗之间的统计量，考察一个点和滑动窗之间的异常变化关系。残差比检测方法则适合于检测短时间发生的突发异常，它弥补了广义似然比检测方法的不足。由于这两种方法都应用了 AR 模型，因此把它们统称为基于 AR 模型的异常检测方法。

残差比异常检测方法的主要思想是：假定对被检测流量观测值序列中的局部（滑动窗口）是平稳的，用 AR 模型进行处理，应用似然比检验方法，推导出以残差比定义的一个决策函数。经过对两种网络故障（服务器和链路）引起的网络流量异常的检测表明，残差比检测方法和广义似然比方法相比，适合于检测流量在短时间内发生的突变异常，方法的计算过程简单，延迟时间短，适用于网络异常的实时检测。

本节介绍该方法的推导过程，4.4 节将进行实验分析。由于残差比异常检测方法和广义似然比检测方法都是基于 AR 模型的检测方法，将主要对这两种检测方法进行分析和对比。首先介绍有关的预备知识，包括 AR 时间序列模型、似然函数、似然比、似然比检验方法；然后介绍残差比异常检测方法的概念，推导和说明残差比异常检测方法详细的过程，写出残差比异常检测方法的算法实现；并对残差比检测方法和广义似然比检测方法进行比较；最后分析阐述在检测网络故障异常时应选择的流量参数。

4.3.1 时间序列分析模型——AR 模型

在时间序列中，回归模型由前面若干项和随机干扰项（高斯白噪声）明确定义下一个随机变量，即它表示当前值与过去若干个值有关，表现出一定的记忆性或惯性。p 阶自回归模型 $AR(p)$ 表示序列 $\{y_t\}$ 具有 p 阶动态性，即 y_t 依赖于它过去的 p 个值：$y_{t-1}, y_{t-2}, \cdots, y_{t-p}$。$AR(p)$ 的一般形式为

$$y_t = \varphi_1 y_{t-1} + \varphi_2 y_{t-2} + \cdots + \varphi_p y_{t-p} + e_t$$

其中，e_t 是高斯白噪声（独立正态分布序列）；$\varphi_j (j = 1, 2, \cdots, p)$ 是实数；$y_t (t = p, p+1, p+2, \cdots)$ 是随机变量。B 表示一步后移算子，即 $y_{t-1} = By_t$，定义为

$$\varphi(B) = 1 - \varphi_1 B - \varphi_2 B^2 - \cdots - \varphi_p B^p \tag{4.6}$$

则 $AR(p)$ 可以表示为

$$\varphi(B) y_t = e_t$$

即

$$e_t = \varphi(B) y_t$$

式（4.6）表示具有 p 阶动态性（或 p 阶记忆性）的相关序列 y_t 经过转换（实际上是把 y_t 中的依赖于 $y_{t-1},y_{t-2},\cdots,y_{t-p}$ 的部分消除）之后，变成了独立的正态分布序列 e_t，因此拟合 AR(p) 模型的过程实际上也就是使相关序列独立化的过程[17]。

AR 模型的自相关函数是指数衰减的，这就使得 AR 模型不能描述那些自相关函数衰减比指数衰减更慢的过程，即它适合于描述短相关的时间序列。如果时间序列是高斯过程，那么 AR 模型可以准确地描述它，否则可以用最小均方误差的线性估计来拟合时间序列的 AR 模型[17]。

自回归滑动平均模型是自回归模型和滑动平均模型的混合，(p,q) 阶的自回归滑动平均模型 ARMA(p,q) 的一般形式为

$$y_t = \varphi_1 y_{t-1} + \varphi_2 y_{t-2} + \cdots + \varphi_p y_{t-p} + e_t - \theta_1 e_{t-1} - \theta_2 e_{t-2} - \cdots - \theta_q e_{t-q}$$

如果定义

$$\varphi(B) = 1 - \varphi_1 B - \varphi_2 B^2 - \cdots - \varphi_p B^p$$
$$\theta(B) = 1 - \varphi_1 \theta - \varphi_2 \theta^2 - \cdots - \varphi_q \theta^q$$

那么，ARMA(p,q) 表示为

$$\varphi(B) y_t = \theta(B) e_t$$

ARMA(p,q) 的含义是，时间序列 y_t 不仅与其前期的 p 个自身值有关，而且还与其前期 q 个时刻的随机白噪声有关。

虽然 ARMA(p,q) 也适合于描述短相关的时间序列，但是 ARMA(p,q) 的参数估计比 AR 模型复杂得多，其中，$\theta_k(k=1,2,\cdots,q)$ 的估计必须求解非线性方程组，AR 模型的参数则易于估计。因此选择 AR 模型来研究网络流量观测值序列中的异常。而且已经有利用 AR 模型检测网络流量异常的研究表明，这是一种有效的方法[7,8,16]。

4.3.2　似然函数、似然比、似然比检验

1. 似然函数

设 $\xi_1,\xi_2,\cdots,\xi_n$ 为取自具有概率函数 $\{f(x;\theta):\theta\in\Theta\}$ 的母体 ξ 的一个子样（当 ξ 是连续型随机变量时 f 表示分布密度，当 ξ 是离散型随机变量时 f 表示概率分布）。子样 $\xi_1,\xi_2,\cdots,\xi_n$ 的联合概率函数在 ξ_i 取已知观测值 x_i，$i=1,2,\cdots,n$ 时的值 $f(x_1;\theta)f(x_2;\theta)\cdots f(x_n;\theta)$ 是 θ 的函数，用 $L(\theta)=L(\theta;x_1,\cdots,x_n)$ 表示，称作这个子样的似然函数。于是有

$$L(\theta) = L(\theta;x_1,\cdots,x_n) = f(x_1;\theta)f(x_2;\theta)\cdots f(x_n;\theta)$$

如果 ξ 是离散型母体，$L(\theta;x_1,\cdots,x_n)$ 给出观测到 $(x_1,x_2,\cdots,x_n)$ 的概率，

因此可以把 $L(\theta; x_1, \cdots, x_n)$ 看成为了观测到 $(x_1, x_2, \cdots, x_n)$ 时出现什么样 θ 的可能性的一个测度。

例如，正态分布的似然函数为

$$L = L(\mu, \sigma^2; x_1, \cdots, x_n) = \frac{1}{(2\pi\sigma^2)^{n/2}} \exp\left[-\frac{1}{2\sigma^2} \sum_{i=1}^{n} (x_i - \mu)^2\right]$$

其中，μ、σ^2 是未知参数，分别表示随机变量 ξ 的均值和方差。

2. 似然比

考虑假设检验问题

$$H_0: \theta = \theta_0 \leftrightarrow H_1: \theta = \theta_1 (\theta_1 \neq \theta_0) \tag{4.7}$$

当原假设 H_0 成立时，样本真实密度（离散或连续）为 $f(x; \theta_0)$；当备择假设 H_1 成立时，样本真实密度为 $f(x; \theta_1)$。对给定的样本值 x，$L(\theta_i, x) = f(x, \theta_i)$，可以作为当参数 θ_i 出现时样本值 x "有多大可能" 的一种度量，即 θ_i 的 "似然度" $(i = 0, 1)$。比值为

$$\lambda = \frac{f(x, \theta_1)}{f(x, \theta_0)}$$

称为似然比。λ 越大，反映得到样本值 x 时，参数 θ 越可以是 θ_1；反之，参数 θ 越可能是 θ_0。可见，λ 越大就倾向于 H_1 成立，当比值 λ 超过某个界限 T 时，拒绝原假设 H_0 而接受 H_1。

3. 似然比检验

统计量

$$\lambda(x) = \frac{f(x, \theta_1)}{f(x, \theta_0)}$$

称为检验问题式（4.7）的似然比统计量，形如

$$\varphi(x) = \begin{cases} 1, & \text{当} \lambda(x) > T \\ 0, & \text{当} \lambda(x) \leqslant T \end{cases}$$

的检验称为检验问题式（4.7）的似然比检验。这时，$\lambda(x)$ 也叫作决策函数（Decision Function）。

4.3.3 残差比异常检测方法

由于网络中诸多因素随时间不断地发生变化，从总体上来说，网络流量的观测值序列 $\{y_t\}$（$t = 1, 2, 3, \cdots$）是不平稳的。但是在以太网中，可以假设网络流量的观测值序列的局部是平稳的[7]，这样就可以用 AR 模型来对网络流量的观测值序列的局部进行拟合，从而得到各点的残差，这个残差序列是一个独立正态分布序列。

残差比检测方法的主要思路是：在网络流量的观测值序列中，以一个时间滑动窗为参照，检测该滑动窗下一个相邻的观测值是否发生异常变化，当变化幅度超出某个预先给定的阈值时就认为这个观测值是异常的，也就是网络流量发生异常。当滑动窗在序列中一步一步顺次地向前移动时，流量观测值序列中的每一个点都将被检测到。

用 $S(t) = \{y_{t+1}, y_{t+2}, \cdots, y_{t+N}\}$ 表示序列中的时间滑动窗，如图 4.5 所示。窗口大小为 N，其中 t 表示时间，$t = 1, 2, \cdots$，y_i 表示 $t = i$ 时的流量观测值。

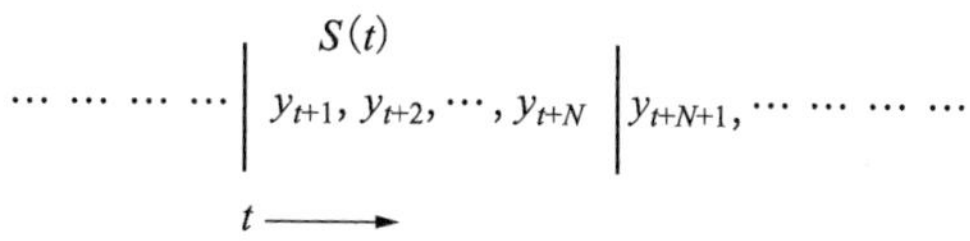

图 4.5 被检测序列与滑动窗示意图

假定序列的局部 $\{y_{t+1}, y_{t+2}, \cdots, y_{t+N}, y_{t+N+1}\}$ 是平稳的，那么可以用 AR(2) 模型拟合，得到残差 $e_{t+1}, e_{t+2}, \cdots, e_{t+N}, e_{t+N+1}$ 为

$$e_{t+i} = y_{t+i} - \varphi_1 y_{t+i-1} - \varphi_2 y_{t+i-2} \quad (i = 1, 2, \cdots N+1)$$

记

$$\hat{\sigma}_e^2 = (e_{t+1}^2 + e_{t+2}^2 + \cdots e_{t+N+1}^2)/(N+1)$$

$$DF_t(N+1) = \frac{e_{t+N+1}}{\hat{\sigma}_e} \tag{4.8}$$

这里 $DF_t(N+1)$ 是判断 y_{t+N+1} 是否异常的决策函数，它是与 $S(t)$ 及 y_{t+N+1} 有关的统计量。

直观地说，$DF_t(N+1)$ 表示 y_{t+N+1} 与参照窗口 $S(t)$ 偏离的大小，假定上、下阈值分别为 U、L，那么，当 $L \leqslant DF_t(N+1) \leqslant U$ 时，y_{t+N+1} 是正常的；反之，当 $DF_t(N+1) > U$ 或 $DF_t(N+1) < L$ 时，y_{t+N+1} 是异常的。其中，当 $DF_t(N+1) > U$ 时，y_{t+N+1} 异常变大；当 $DF_t(N+1) < L$ 时，y_{t+N+1} 异常变小。

需要确定两个参数，即 AR 模型的阶数 p 和滑动窗的大小 N。根据时间序列理论，在实际应用中，AR 的阶数通常不超过 $2^{[23]}$，AR(2) 也是在实际使用中比较常见[24]。另外，自回归模型 AR(p) 的阶数 p 越大，参数估计的计算量也越大，由于检测方法的目标是应用于实时检测系统，所以不应选择过大的 p 值，因此基于上述考虑，取常用的二阶自回归模型 AR(2)，即 $p = 2$。

由于假设一个滑动窗口内的网络流量观测值序列 $\{y_{t+i}\}$（$t = 1, 2, 3, \cdots, i = 1, 2, 3, \cdots, N+1$）是平稳的，所以窗口的大小 N 不应该太大。从这方面来讲，N 越大，拟合 AR 模型将越不准确。另外，用自回归模型 AR(p) 拟合时间序列时，为了确保拟合准确性，AR 的阶数 p 与序列的长度 N 必须满足的约束条件[8]为

$$0 \leqslant p \leqslant 0.1N$$

因此选择满足上述条件的 $N = 20$。

在拟合 AR 模型过程时，首先必须对滑动时间窗 $y_{t+1}, y_{t+2}, \cdots, y_{t+N+1}$ 进行零均值化，这是对 $S(t)$ 拟合 AR(2) 模型的前提条件，即进行如下的处理

$$\bar{y} = \frac{1}{N} \sum_{i=1}^{N} y_{t+i}$$

$$x_{t+i} = y_{t+i} - \bar{y} \, (i = 1, 2, \cdots, N+1)$$

那么 $x_{t+1}, x_{t+2}, \cdots, x_{t+N+1}$ 是一个零均值时间序列，对它进行 AR 模型的转换，然后再进行上述的模型拟合与检测。

4.3.4 残差比异常检测方法推导与说明

检测方法中先对滑动窗进行零均值化，目的是便于拟合 AR 模型。由于假设滑动窗是平稳的，零均值化不会改变这种平稳特性，这样就可以对零均值化后的 $x_{t+1}, x_{t+2}, \cdots, x_{t+N+1}$ 建立 AR(2) 模型。实际上，拟合 AR 模型的过程就是使相关序列独立化的过程，使 $x_{t+1}, x_{t+2}, \cdots, x_{t+N}, x_{t+N+1}$ 转换成了独立的正态分布序列 $e_{t+1}, e_{t+2}, \cdots, e_{t+N}, e_{t+N+1}$，从而便于进行后续的处理[17]。

下面用似然比检验方法推导出残差比检测方法的决策函数［即式（4.8）］。根据 Ih Chang 等人[25] 的结论，序列 $x_{t+1}, x_{t+2}, \cdots, x_{t+N}, x_{t+N+1}$ 中的各项关系式为

$$\varphi(B)x_{t+i} = e_{t+i} + w_i$$

其中，$\varphi(B)$ 是关于后移算子 B 的多项式［见式（4.6）］。这个关系式与 AR 模型相比，多出一项 w_i，它是衡量 x_{t+i} 是否异常的标志。当 $w_i = 0$ 时，x_{t+i} 是正常点，当 $w_i \neq 0$ 时，x_{t+i} 是异常点。

假定 $S(t)$ 中各项都是正常点，那么

$$\varphi(B)x_{t+i} = e_{t+i} \, (i = 1, 2, \cdots, N)$$

$$\varphi(B)x_{t+N+1} = e_{t+N+1} + w_{t+N+1}$$

x_{t+N+1} 是异常点的充分必要条件是 $w_{t+N+1} \neq 0$。因此对服从正态分布的残差序列 $e_{t+1}, e_{t+2}, \cdots, e_{t+N+1}$ 应用似然比检验方法，欲检验假设

$$H_0 : w_{t+N+1} = 0 \qquad H_1 : w_{t+N+1} \neq 0$$

即在 H_0 假设下

$$\varphi(B)x_{t+i} = e_{t+i} \, (i = 1, 2, \cdots, N, N+1)$$

在 H_1 假设下

$$\varphi(B)x_{t+i} = e_{t+i} \, (i = 1, 2, \cdots, N)$$

$$\varphi(B)x_{t+N+1} = e_{t+N+1} + w$$

由于 $e_{t+1}, e_{t+2}, \cdots, e_{t+N+1}$ 是正态分布，其密度分布函数为

$$f(\mu, \sigma^2; e_{t+1}, e_{t+2}, \cdots, e_{t+N+1}) = \frac{1}{(2\pi\sigma^2)^{(N+1)/2}} \exp\left[-\frac{1}{2\sigma^2} \sum_{i=1}^{N+1} (e_{t+i} - \mu)^2\right]$$

那么，μ 和 σ^2 的最大似然估计分别为

$$\bar{\mu}_M = \mu, \quad \bar{\sigma}_M{}^2 = \frac{1}{N+1} \sum_{i=1}^{N+1} (e_{t+i} - \mu)^2$$

在 H_0 假设下，μ 和 σ^2 的最大似然估计分别为

$$\mu_0 = 0, \quad \sigma^2 = \frac{1}{N+1} \sum_{i=1}^{N+1} (e_{t+i} - \mu_0)^2$$

在 H_1 假设下，μ 和 σ^2 的最大似然估计分别是

$$\mu = \frac{1}{N+1}\left(w + \sum_{i=1}^{N+1} e_{t+i}\right) = \frac{w}{N+1}$$

$$\sigma^2 = \frac{1}{N+1} \sum_{i=1}^{N+1} (e_{t+i} - \mu)^2$$

于是，可以得到

$$\lambda = \frac{f_{H_1}}{f_{H_0}}$$

$$= \left[\frac{\sum\limits_{i=1}^{N+1} (e_{t+i} - \mu)^2}{\sum\limits_{i=1}^{N+1} (e_{t+i} - \mu_0)^2}\right]^{-(N+1)/2}$$

$$= \left[\frac{\sum\limits_{i=1}^{N+1} \left[(e_{t+i} - \mu)^2 + (\mu - \mu_0)^2\right]}{\sum\limits_{i=1}^{N+1} (e_{t+i} - \mu)^2}\right]^{(N+1)/2}$$

$$= \left[1 + \frac{(N+1)(\mu - \mu_0)^2}{\sum\limits_{i=1}^{N+1} (e_{t+i} - \mu)^2}\right]^{(N+1)/2}$$

$$= \left[1 + \left(\frac{\mu - \mu_0}{\sigma}\right)^2\right]^{(N+1)/2}$$

$$= \left[1 + \left(\frac{1}{N+1}\right)^2 \left(\frac{w}{\sigma}\right)^2\right]^{(N+1)/2}$$

其中，N 是常数，所以这里似然比 λ 是 (w/σ) 的单调函数，那么可以把决策函数定义为

$$DF_t(N+1) = \frac{w}{\sigma}$$

根据 Box 和 Jenkins[23]，w 的估计为 e_{t+N+1}，σ^2 的估计为

$$\hat{\sigma}_e^2 = (e_{t+1}^2 + e_{t+2}^2 + \cdots e_{t+N+1}^2)/(N+1)$$

所以

$$DF_t(N+1) = \frac{e_{t+N+1}}{\hat{\sigma}_e}$$

这就是导出的检验时间序列中异常点的决策函数，它是一个关于各残差的统计量，所以把这种检测方法称作残差比异常检测方法。对预先给定的上、下阈值 U 和 L，当 $DF_t(N+1) > U$ 时，y_{t+N+1} 异常变大，当 $DF_t(N+1) < -L$ 时，y_{t+N+1} 异常变小。

4.3.5 残差比异常检测算法

本节详细描述残差比异常检测方法中参数的估计以及检测方法的具体算法。

1. 模型参数估计

假设滑动窗 $S(t)$ 的各项 $y_1, y_2, \cdots, y_{N+1}$ 都已经零均值化，得到序列 $x_1, x_2, \cdots, x_{N+1}$，再对 $x_1, x_2, \cdots, x_{N+1}$ 拟合二阶自回归模型 AR(2)，有直接计算的线性公式[17]。AR(2) 的模型是

$$x_t = \varphi_1 x_{t-1} + \varphi_2 x_{t-2} + e_t \ (t=1,2,\cdots,N+1)$$

这里 φ_1 和 φ_2 表示 AR(2) 的系数，$e_{t+1}, e_{t+2}, \cdots, e_{t+N+1}$ 是零均值正态分布序列。用 $x_1, x_2, \cdots, x_{N+1}$ 来估计 AR(2) 模型参数 φ_i，$i=1,2$，给出具体估计过程如下，记

$$\boldsymbol{Y} = \begin{bmatrix} x_3 \\ x_4 \\ \vdots \\ x_{N+1} \end{bmatrix}, \boldsymbol{X} = \begin{bmatrix} x_2 & x_1 \\ x_3 & x_2 \\ \vdots & \vdots \\ x_N & x_{N-1} \end{bmatrix}, \boldsymbol{\Phi} = \begin{bmatrix} \varphi_1, \varphi_2 \end{bmatrix}$$

T 表示矩阵的转置，那么系数 $\boldsymbol{\Phi}$ 有下列估计式成立

$$\hat{\boldsymbol{\Phi}} = (\boldsymbol{X}^{\mathrm{T}}\boldsymbol{X})^{-1}\boldsymbol{X}^{\mathrm{T}}\boldsymbol{Y}$$

而且

$$\boldsymbol{X}^{\mathrm{T}}\boldsymbol{X} = \begin{bmatrix} \sum_{t=2}^{N} x_t^2 & \sum_{t=2}^{N} x_t x_{t-1} \\ \sum_{t=2}^{N} x_t x_{t-1} & \sum_{t=1}^{N-1} x_t^2 \end{bmatrix}, \boldsymbol{X}^{\mathrm{T}}\boldsymbol{Y} = \begin{bmatrix} \sum_{t=3}^{N+1} x_t x_{t-1} \\ \sum_{t=3}^{N+1} x_t x_{t-2} \end{bmatrix}$$

$$\begin{bmatrix} \hat{\varphi}_1 \\ \hat{\varphi}_2 \end{bmatrix} = (\boldsymbol{X}^{\mathrm{T}}\boldsymbol{X})^{-1}\boldsymbol{X}^{\mathrm{T}}\boldsymbol{Y} \tag{4.9}$$

式（4.9）是对 AR(2) 参数的估计，从该式可以看到，AR(2) 参数可以根据时间序列的直接线性估计而得到。

2. 异常检测

接下来是利用 AR(2) 模型来进行检测。AR(2) 的模型为

$$x_{t+i} = \varphi_1 x_{t+i-1} + \varphi_2 x_{t+i-2} + e_{t+i}$$

即

$$e_{t+i} = x_{t+i} - \varphi_1 x_{t+i-1} - \varphi_2 x_{t+i-2}$$

若 B 表示一步后移算子，即 $x_{t+i-1} = Bx_{t+i}$，那么

$$\begin{aligned} e_{t+i} &= x_{t+i} - \varphi_1 Bx_{t+i} - \varphi_2 Bx_{t+i-1} \\ &= x_{t+i} - \varphi_1 Bx_{t+i} - \varphi_2 B^2 x_{t+i} \\ &= (1 - \varphi_1 B - \varphi_2 B^2)x_{t+i} \\ &= \varphi(B)x_t \end{aligned}$$

其中

$$\varphi(B) = 1 - \varphi_1 B - \varphi_2 B^2$$

因此，$e_{t+i} = \varphi(B)x_{t+i}$，其中，$i = 1,2,\cdots,N+1$。

$$\hat{\sigma}_e^2 = \frac{(e_{t+1}^2 + e_{t+2}^2 + \cdots e_{t+N+1}^2)}{N+1}, DF_t(N+1) = \frac{e_{t+N+1}}{\hat{\sigma}_e}$$

决策函数 $DF_t(N+1)$ 表示 x_{N+1} 与参照窗口 $S(t)$ 偏离的大小。假定上、下阈值分别为 U、L，那么当 $L \leqslant DF_t(N+1) \leqslant U$ 时，x_{N+1} 是正常的；反之，当 $DF_t(N+1) > U$ 或 $DF_t(N+1) < L$ 时，x_{N+1} 是异常的。其中，当 $DF_t(N+1) > U$ 时，x_{N+1} 异常变大，意味着异常值比正常值大，决策函数的大小意味着异常点偏离正常的大小，决策函数越大，表明异常值偏离正常越大；当 $DF_t(N+1) < L$ 时，x_{N+1} 异常变小，则意味着异常值比正常值小，决策函数越小，表明异常值偏离正常越远。

4.3.6　残差比检测方法与广义似然比方法的比较

分析残差比异常检测方法与广义似然比检测方法相比，相同之处在于同样使用 AR 模型对流量进行处理，转换成正态分布的残差序列，都应用似然比检验方法检测异常。不同的是，广义似然比方法的决策函数是关于两个滑动窗的似然比，检验的是两个滑动窗之间的异常变化，是检测局部和局部之间的变化关系，这样对个别的异常情况就会被忽略。残差比检测方法的决策函数是关于一个点和滑动窗的似然比，是检验一个点与滑动窗之间的异常变化，是检测个别和局部之间的变化关系，它能突出短时间内的异常变化情况，不会错过个别的异常，而且残差比异常检测方法还可以区分异常变化的方向（即异常变大或

71

异常变小），这在网络监测中又可以提供一个重要信息。

此外，在广义似然比方法中，有相当于滑动窗大小的时间延迟（当窗口大小为 20、流量观测值采样间隔为 15s 时，则延迟时间为 5min），这一点在实时报警系统中是非常关键的。

从前面的分析得出，残差比检测方法特别适用于短时间内突变异常的检测，从计算的复杂度来说，残差比检测方法比广义似然比检测方法的计算要简便得多。表 4.2 对这两种检测方法进行比较。

表 4.2 　残差比方法与广义似然比方法的比较

方法	广义似然比检测方法	残差比检测方法
被检测序列的局部	$\cdots R(t),S(t),\cdots$ 时间滑动窗 $R(t)$ 和 $S(t)$ 大小都为 N	$\cdots S(t),y_{t+N+1},\cdots$ 时间滑动窗 $S(t)$ 大小为 N
决策函数	$DF = N'_R(\ln\hat{\sigma}_2 - \ln\hat{\sigma}_R) + N'_S(\ln\hat{\sigma}_2 - \ln\hat{\sigma}_S)$ 当 $DF > h$ 时，$R(t)$ 和 $S(t)$ 的分界点是异常点	$DF = \dfrac{e_{t+N+1}}{\sigma}$ 当 $DF > U$ 或 $DF < -L$ 时，y_{t+N+1} 是异常
算法复杂性	总计约 60N 次乘除运算，70N 次加减运算	总计约 10N 次乘除运算，10N 次加减运算
能否辨别异常变大或变小	不能	能
检测延迟	N 个轮询观测值间隔时间	没有延迟

4.3.7　选择网络流量参数

由于在对网络的检测中，常常需要监测大量的网络流量和性能参数，然而，网络参数很多（仅 SNMP 代理的管理信息库中就有 170 多个变量），收集全部的参数是不现实的，也是不必要的。那么需要监测哪些参数呢？这是一个比较棘手的问题。管理信息库中的许多变量是典型的网络流量，而且由于在网络设备中普遍提供了管理信息库，使得收集信息更方便。因此这里说明在特定条件下，即假定仅在管理信息库中选取，并且目的是为了发现或检测网络故障，而应该选择收集哪些流量。

目前，常见网络设备上基本实现了 SNMP 代理功能，其中，管理信息库（Management Information Base，MIB）可以通过网络管理协议访问信息的软件实体。它定义了一个设备可获得的网络管理信息，提供了现成的流量数据可供读取，为采集网络流量信息带来方便。MIB 已经得到普遍的支持，网络设备如路由器、交换机、集线器甚至网卡都提供了 SNMP Agent，软件系统 Windows、

Unix 也都支持 SNMP Agent，现在普遍实现的是 MIB‐II。MIB 的普及为收集网络信息、了解网络状态提供了极大的方便。在 MIB 中，把全部变量分为以下各组：System、interface、IP、ICMP、TCP、UDP、EGP、SNMP，每组对象描述网络特定的功能，其中有许多 MIB 变量是典型的网络流量参数，如接口组变量 ifInOctets（B/s）、ifOutOctets（B/s），ip 组的 ipForwDatagrams（Packet/s）、ipInReceives（Packet/s），它们分别表示设备接口每秒钟接收到和发送的字节数、路由器每秒钟接收和转发的数据包数。因此，要获得这些流量，只需从 MIB 中定时地读取适当的 MIB 变量（需要 SNMP 中给予权限）。

选择网络流量参数的出发点：以路由器作为观测点，观测网络中的流量异常情况，从而获得网络的状态信息。从路由器上的 SNMP 代理中获得流量信息，希望网络故障的发生能在所选取的流量中体现出异常信息，那么通过检测流量中的异常就可能及时地发现网络发生故障。

由于 MIB 定义了 171 个变量[8]，在考察网络故障引起的流量异常现象时，不必选择全部的变量，而且这也是不现实的。因为其中许多变量之间并不是相互独立的，它们之间有很多是相关的，而有些变量是有关网络的配置信息，如系统组变量 sysObjectID、sysServices、sysUptime，分别表示系统的制造者、设备所提供的协议层服务、系统已经运行的时间，这些都是与流量无关的信息。

在同一个 MIB 变量组内的变量之间，同样存在一些冗余关系。例如，接口组的 3 个变量接口输出单播包（ifOutUcastPkts）、接口输出非单播包（ifOut-NUcastPkts）和接口输出字节数（ifOutOctets），ifOutOctets 包含了与 ifOutU-castPkts 和 ifOutNUcastPkts 相同的流量信息。因此，为了简化问题，不考虑冗余的变量；另外，还有一些变量也都不考虑，它们根据标准定义[26]，与所描述的故障无关，或者长时间（如几个或几天）不发生或者很少发生变化，具有的信息量也很少[7]。

一个 MIB 变量组内，变量之间的关系可以用 Case 图表示[8]，图 4.6 所示为接口组的 Case 图，图 4.7 所示为 IP 组变量的 Case 图。图中箭头表示流量流在网络中各层之间的流向，标记为虚线的变量表示协议栈中各点处横切面的流量，它们就是所谓的过滤计数器，可度量每层输出和输入的流量。图 4.6 中，从接口收到数据时，首先判断有无错误，出错的数据（ifInErrors）、未知协议（ifInUnKnownProtos）的数据被丢弃，以及其他原因（如释放缓存）需要丢弃的数据（ifInDiscards），其余的数据（ifInOctets）中包括了单播（ifInUnicast）和非单播（ifInNUnicast）的数据，继续上传至 IP 层；从 IP 层往接口层传送的数据

（ifOutOctets）中包括了单播（ifOutUnicast）和非单播（ifOutNUnicast）的数据，其中由于出错不能发送而被丢弃的（ifOutErrors）或其他的原因丢弃的（ifOutDiscards），剩余的数据才从接口送出。可见，接口组中的变量存在许多的冗余关系，其中 ifInOctets 和 ifOutOctets 表示接口正确接收的数据量、要求接口传出的数据量，一般情况下，这两个变量记录了进出接口的主要数据量大小，上述其余变量则仅仅记录某个方面的数据量。

在图 4.7 中，从接收到下层传送的数据包（ipInReceives）、丢弃包头出错（ipInHdrErrors）、地址错误（ipInAddrErrors）以及其他原因丢弃（ipInDiscards）之后，除了传送到本地的少量数据继续向上传送之外，大多数准备转发（ipForwDatagrams）出去，当然在传到下层之前，还需要分段（ipFragOKs）、分段失败的被丢弃（ipFragFails）。所以，在 IP 组变量中，ipInReceives 和 ipForwDatagrams 记录了经过路由器的主要流量大小，其他的变量只是记录某个方面的数据量。

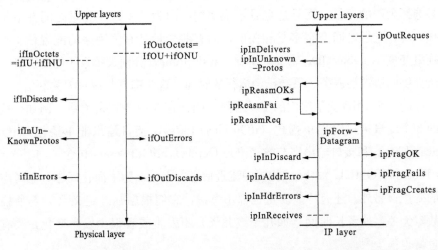

图 4.6　接口组的 Case 图　　　　图 4.7　IP 组的 Case 图

此外，在网络监测中还发现，TCP 组（或 UDP）的变量是记录以代理节点本身为传送数据的起始点的那些流量。例如，路由器中，管理信息库中 UDP 组的变量 udpInDatagrams 表示传输层收到的数据报数，且目的地就是该路由器。由于路由器的主要作用是接收并转发数据，而以路由器为数据传送目的地的数据只是很少的一部分，所以对于这样的变量也不考虑。

由于接口组和 IP 组变量充分地记录了路由器上的流量变化，它们分别描述一个特定接口和网络层的流量特征，所以只考察接口组和 IP 组变量。因此选择

接口组变量接口输入字节数（ifInOctets）和接口输出字节数（ifOutOctets），IP
组变量接收包数（ipInReceives）和转发包数（ipForwDatagrams），尽管它们之
间也仍然存在冗余。接口组的两个变量 IfInOctets 和 ifOutOctets 代表了进入和
流出一个接口的流量大小，它们的异常变化可以直接反映子网内的故障，因此
必须分析这两个流量的异常检测问题。IP 组的两个变量 ipForwDatagrams、ip-
InReceives 则记录了经过路由器的流量的大小，它包含了各个端口的接收和转发
数据总量，当网络发生故障时，会影响网络的传输性能，从而影响网络中传送
的数据量大小。

4.4 网络流量异常检测模拟实验

在软件环境下进行模拟网络的实验，通过实验数据验证残差比异常检测方
法的有效性，并与广义似然比检测方法进行比较分析。

实验中采用的网络模拟软件 OPNET，是一个得到广泛的认可和应用的商业
软件[27]，满足实验要求。本节详细描述了模拟实验环境、实验过程和数据收集，
然后验证流量的局部平稳性，以及模型残差是否符合标准正态分布，接着应用
残差比检测方法和广义似然比检测方法检测实验数据，分析比较两种检测方法
的检测效果，最后得出结论。

4.4.1 网络模拟软件 OPNET

OPNET 网络模拟软件是 MIL3 公司的产品，是一个先进的网络模拟开发和
应用平台[27]，OPNET 支持 SUN、HP、IBM、SGI 工作站和一般 PC 等硬件设
备，可以运行在 UNIX、NT 或 WIN95/98 等操作系统上。

OPNET 模型分为 Network、Node 和 Process 三个层次。Network 模型是最
高层次的模型，由网络节点（Node）和连接网络节点的通信链路（link）组成，
由该层模型可直接建立起模拟网络的拓扑结构。Node 模型由协议 Module 和连
接 Module 的各种 connections 组成，如物理接口 Module、MAC Module、IP
Module、Route Module、TCP Module、Application Module、packet stream、
statistic wires 等。每个 Module 对应一个或多个 Process 模型，Process 模型由
有限状态机来描述，有限状态机用 C 语言编程。用户可以在上述三个层次的任
何地方切入编程，建立所需的 Network、Node 或 Process 模型。

OPNET 提供了一个比较齐全的基本模型库（包括网络设备和链路），主要
包括 Ethernet、FDDI、TR、TCP/IP、ATM、FR、PSTN、Cellular phone、

wireless network 和 Client/Server。

OPNET 采用基于包的建模机制（Simulation on packet level），模拟实际物理网络中 packet 的流动，包括在网络设备间的流动和网络设备内部的处理过程，模拟实际网络协议中的组包和拆包的过程，可以生成、编辑任何标准的或自定义的 packet 格式，利用 DEBUG 功能，还可以在模拟过程中察看任何特定的 packet 的包头和净荷的内容。

OPNET 采用离散事件驱动（discrete event driven）的模拟机理，其中"事件"是指网络状态的变化，也就是说，只有网络状态发生变化时，模拟机才工作，网络状态不发生变化的时间段不执行任何模拟计算，即被跳过。因此，与时间驱动相比，离散事件驱动的模拟机计算效率得到很大提高。

OPNET 具有丰富的统计量收集和分析功能。它可以直接收集常用的各个网络层次的性能统计参数，并有多种统计参数的采集和处理方法，还可以通过底层网络模型编程，收集特殊的网络参数。OPNET 还有丰富的图表显示和编辑功能、模拟错误提示和告警功能，能够方便地编制和输出模拟报告。

OPNET 中，业务流量定义在 station 或 wkstn 等节点中的流量，通过节点的属性 application configuration 来定义，application 包括 E-mail、Http、Ftp、Print、Rlogin、X Windows 等业务。每种业务均可由用户定义相关参数，例如，对于 Http 业务，可指定其业务流量、所用服务器、服务类型等，还提供了有代表性的流量强度和分布，如 Poisson 分布、指数分布、均匀分布、正态分布等，这为在进行实际网络模拟中提供了重要的参考。OPNET 中还提供了一个可供修改随机分布的"种子"（seed），通过修改随机数的可以重复进行多次实验。

4.4.2　网络模拟实验配置

模拟一个企业网，可提供的服务包括 Web 服务、远程登录服务、远程文件传输、电子邮件（E-mail）服务和数据库服务，这也是局域网的常见业务。

数据库服务提供的服务包括数据对象定义、数据存储与备份、数据访问与更新、数据统计与分析、数据安全保护、数据库运行管理以及数据库建立和维护等。在七层协议中，传输层使用可靠的传输协议 TCP，有专用的 TCP 端口。数据库服务器通常应用在企业的在线事务处理和在线事物分析应用、集成企业内部信息并进行智能数据管理和数据分析，充当 B2C 和 B2B 电子商务的后台支持等。

文件传输协议（FTP），允许用户将远程主机上的文件拷贝到自己的计算机上，常见的应用是文件下载等。

E-mail 服务主要应用是发送和接收邮件。

Web 服务主要的应用如查看新闻、查看股票价格、天气预报等。

Remote - login（telnet）虚拟终端协议，提供远程登录功能，一台计算机用户可以登录到远程的另一台计算机上，如同在远程主机上直接操作一样；典型的应用如远程访问 BBS 服务，或者是对外提供联机检索服务，有些部门、研究机构、企业也将它们的数据库对外开放，使用户通过 Telnet 进行查询。

实验是在 OPNET 8.0 Moduler 模块上进行的。选择一种常见的网络拓扑，建立如图 4.8 所示的网络拓扑结构，它具备了简单的路由和交换环境。连接 3 个路由器的链路是主干链路，带宽都是 100M，3 个路由器 Router1、Router2、Router3 都采用 Cisco7505 路由器，这种路由器有 6 个以太网端口、2 个快速以太网端口，支持 RIP 和 OSPF 路由协议，以存储转发方式工作，它的典型应用是通过 IP 网连接两个以太局域网段。3 个交换机 Switch1、Switch2、Switch3 都是 CISCO Catalyst 2916 产品，设备类型是 2900 XL Switch，16 个 10/100M 端口。链路除了 3 个路由器与交换机之间使用 10M 以外，其余都用 100M，路由器之间连接的端口是快速以太网接口。5 个服务器，6 个以太子网 Subnet1，Subnet2，…，Subnet6 是交换式的快速以太网，有 50 个主机。3 个路由器之间采用 RIP 路由协议，5 个服务器分别是 Database 服务器、E-mail 服务器、Ftp 服务器、Web 服务器以及 Remote - login 服务器，它们各自提供相应的服务。

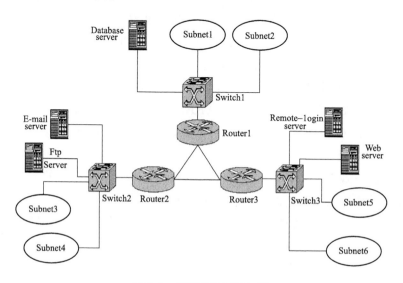

图 4.8　模拟实验网络拓扑

许多研究表明[28,29]，可以用 Poisson 过程来描述网络中几种典型业务模型 Telnet、Ftp、Database、Web、Email。

例如，V. Frost 和 B. Melamed[28]认为，对 Ftp、Telnet 服务，数据包到达以及客户发出 TCP 连接请求符合 Poisson 过程，即若假定 X 是表示在时间 $[0,t]$ 内到达的数据包数，那么它是一个非负整数值随机变量，X 取值为 k 概率

$$P(X=k)=\frac{(\lambda t)^k}{k!}e^{-\lambda t}(k=0,1,2,\cdots)$$

其中，$\lambda>0$ 为常数。Poisson 分布的数学期望和方差分别为

$$E(X)=\lambda，\sigma^2(X)=\lambda$$

那么，在两次数据包到达之间的等待时间 η 服从指数分布，它的分布函数为

$$F(t)=\begin{cases}1-e^{-\lambda t}, & t>0\\ 0, & t\leqslant 0\end{cases}$$

$\lambda>0$ 是指数分布的参数。

Poisson 过程是最早普遍使用的流量模型，Poisson 过程具有良好的属性特征，而在两次数据到达的时间间隔正好服从指数分布，独立的 Poisson 过程的叠加仍然是 Poisson 过程，叠加过程后的 Poisson 过程变化速率是各个 Poisson 过程的速率之和。因此，在理论分析和模拟实验中，常使用 Poisson 模型。参考有关的经验模型和数据[30]，设计实验中的各种业务具体模型如下。

Http 业务：页面到达间隔时间服从指数分布，指数分布参数为 390，页面大小及每个页面的对象个数分别是：①页面大小为 750，每个页面的对象个数 1；②服从区间（255，1200）上的均匀分布（这里文件大小的单位是 B，时间单位是秒，以下同），每个页面的对象个数是 5。那么，平均 6.5min 到达一个页面，一个用户产生的平均流量约为 20KB/h。

Ftp 业务：请求间隔时间服从指数分布，指数分布的参数 $\lambda=720$，文件大小为正态分布 $N(\mu,\sigma^2)$，其中 $\mu=5$KB，$\sigma=1250$，Get 命令各占总命令数的 50%。那么，平均 12min 传送一个文件，一个用户产生的平均流量约为 25KB/h。

Database 业务：请求事务间隔时间服从指数分布，指数分布的参数 $\lambda=60$，完成事务的数据大小服从正态分布 $N(\mu,\sigma^2)$，其中，$\mu=512$，$\sigma=128$。那么，平均 1min 完成一次事务处理，每个用户产生的平均流量约为 30KB/h。

Remote-login 业务模型：命令间隔时间为服从指数分布，指数分布的参数 $\lambda=60$，终端产生的流量（B/命令）为正态分布 $N(\mu,\sigma^2)$，其中 $\mu=20$B，$\sigma=16$，服务器端产生的流量（B/命令）为正态分布 $N(\mu,\sigma^2)$，其中 $\mu=$

$10B$，$\sigma = 11.111$。平均 1min 发送一次命令，每个用户产生的平均流量约为 1.8KB/h。

E-mail 业务：发送邮件和邮件到达邮件间隔时间都服从指数分布，指数分布的参数 $\lambda = 720$，平均每次发送 3 个邮件，邮件大小服从正态分布 $N(\mu, \sigma^2)$，$\mu = 1000$，$\sigma = 128$。那么，平均 12min 发送或接收一个邮件，每个用户产生的平均流量约为 15KB/h。

4.4.3　实验与数据收集

数据库服务器是指提供各种数据管理服务的计算机软、硬件系统的组合，它提供服务包括数据对象定义、数据存储与备份、数据访问与更新、数据统计与分析、数据安全保护、数据库运行管理以及数据库建立和维护等。在七层协议中，传输层使用可靠的传输协议 TCP，有专用的 TCP 端口。数据库服务器应用于企业的在线事务处理和在线事物分析应用、集成企业内部信息、并进行智能数据管理和数据分析，充当电子商务的后台支持等。数据库服务器故障是一种常见的故障[8,10]。一旦系统出现问题，数据丢失，会给企业造成巨大的损失。如果由于数据量的猛增，造成数据库系统或者硬件系统处理能力不足、稳定性受到影响等，也会导致数据库系统崩溃。因此，为减小损失，研究数据库服务器故障引起的流量异常是十分必要的，以实现及时准确的报警。

链路故障是物理层常见的故障之一[31]，如线路开裂、断开或接触不良等；链路作为数据传输的媒介，无疑起着非常重要的作用，链路不通必然导致经过该链路上的数据传输受到影响，而且会丢失数据，尤其是在骨干网上的链路，受到影响将可能是成百上千个连接，造成的损失是非常巨大的。即使存在备份路径，那也会使得网络的可靠性降低，将会有更多的服务受到影响。因此需要尽快发现和报警，提醒网络管理人员及时解决问题。

因此，针对上述两种故障进行实验和研究。分别做如下两个实验：

实验一，在模拟实验网络中，随机插入 10 个 Database 服务器故障（宕机，完全不工作），模拟运行时间为一月（30 天）。在 Router1 上收集四个 MIB 变量，即 ifInOctets、ifOutOctets、ipForwDatagrams、ipInReceives，其中两个接口组变量是对应 Router1 上与 Switch1 相连接的端口。采集数据时间间隔是 15s，重复 3 次实验。每次实验收集的数据量总计：4（变量）$\times$ 30（天）$\times$ 24（h）$\times$ 60（min）$\times$ 60/15（个）$=$ 691200（个）数据，大小约 10M。

实验二，在模拟实验网络中，随机插入 10 个链路故障［连接 Router1 和 Router2 的链路故障（完全不通）］，模拟运行时间为一月（30 天）。在 Router1

上收集同样的四个变量，其中两个接口组变量是对应 Router1 上与 Router2 相连接的端口。采集数据时间间隔是 15s，重复 3 次实验。每次实验收集的流量总计约 10M。

实验一的四个流量 ifInOctets、ifOutOctets、ipForwDatagrams、ipInReceives 的观测值如图 4.9 所示。图中横坐标是观测值序号，纵坐标是流量观测值，故障发生时间对应图中的序号 1800。

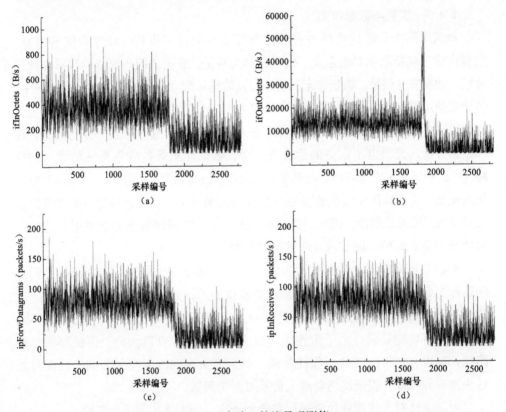

图 4.9 实验一的流量观测值

(a) ifInOctets 的观测值；(b) ifOutOctets 的观测值；(c) ipForwDatagramss 的观测值；
(d) ipInReceives 的观测值

在实验一中，除了在 Subnet1 和 Subnet2 中的主机访问 Database 服务器不需要经过 Router1 而直接通过 Switch1 交换数据以外，在其他四个子网 Subnet3、Subnet4、Subnet5、Subnet6 中的主机访问 Database 服务器时，都必须经过 Router1，然后再通过 Switch1 交换数据，完成数据的传送。所以，当 Database 服务器突然发生故障，那么势必影响所有正在访问它的用户，但是在路由器 Router1 上观测到的流量变化是因为 Database 服务器与在四个子网 Subnet3、

Subnet4、Subnet5、Subnet6 中的用户之间传送数据量的变化，与 Database 服务器和子网 Subnet1、Subnet2 之间传送数据量的变化无关。

从图 4.9 中可以看出，在服务器发生故障时，ifInOctets ［见图 4.9（a）］突然变小，而 ifOutOctets ［见图 4.9（b）］不但没有变小，反而大幅度地突然上升，这是网络协议自身的功能引起的。当故障发生时，在这之前发送的数据没有得到响应，路由器就会重发数据，这样就导致 ifOutOctets 大幅度上升。由于服务器故障，使得经过 Router1 上的数据量减少，所以 ipForwDatagrams ［见图4.9（c）］和 ipInReceives 也相应地减小 ［见图 4.9（d）］。

实验二中，收集 Router1 上 MIB 中的两个 IP 组变量 ipForwDatagrams、ip-InReceives 以及连接 Router2 端口的两个接口组变量 ifInOctets、ifOutOctets。观测值如图 4.10 所示，横坐标是观测值序号，纵坐标是各个流量观测值，故障发生时间对应图中的序号 1800。

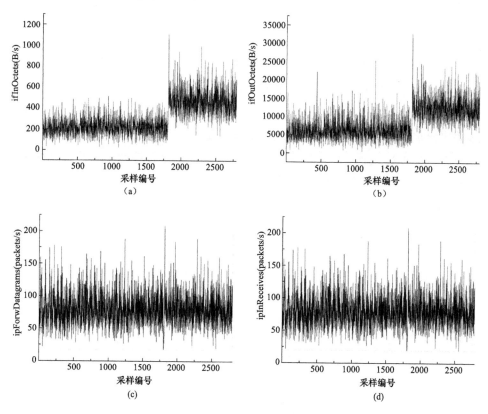

图 4.10　实验二的流量观测值

（a）ifInOctets 的观测值；（b）ifOutOctets 的观测值；（c）ipForwDatagrams 的观测值；
（d）ipInReceives 的观测值

在实验二中，由于网络中采用距离向量路由协议，当 Router1 与 Router3 之间的链路未发生故障时，子网 Subnet1、Subnet2 的用户与 Remote-login 服务器、Web 服务器之间以及子网 Subnet5、Subnet6 的用户与 Database 服务器之间传送的数据经过该链路，而不会经过 Router1 与 Router2，以及 Router2 与 Router3 之间的两条链路。当该链路发生故障时，它们之间的数据传送全部变成经过这两条链路。

分析发生链路故障时流量的变化。图 4.10（a）、（b）显示，故障发生时，在 Router1 上与 Router2 连接的端口，ifInOctets 和 ifOutOctets 增大，然后下降，但是会保持在比故障前在更高的水平上。这是由于因为经过另一端口（与故障链路连接）的数据重新路由，也经过此端口，所以该端口流量增加。图 4.10（c）、（d）显示，当链路故障发生时，Router1 上转发（ipForwDatagrams）和接收（ipInReceives）的数据包有一个短时间内的突然增大，然后降低到和故障发生之前相同。这是因为当链路发生故障时，在链路发生故障时会丢失数据包，它们将不会得到接收方的响应，这时发送端就会产生重传，此后这些数据都经过 Router2 而到达目的地。

4.4.4 流量的平稳性及残差特性分析

在残差比异常检测方法中，首先假定了流量的局部平稳性，所以，在应用残差比异常检测方法时必须判断流量是否满足这种局部平稳性；在进行残差比检测方法的推导过程中，还应用了模型残差的正态分布特性。因此，这里对模型残差是否符合标准正态分布进行验证。

AR(2) 模型的平稳性条件是满足以下关系[23]

$$\begin{cases} \varphi_1 + \varphi_2 < 1 \\ \varphi_2 - \varphi_1 < 1 \\ |\varphi_2| < 1 \end{cases}$$

在实验收集的各流量观测值中，随机地抽取几个滑动窗（大小为 20），估计 AR 模型参数 φ_1、φ_2，经验证，都符合上述条件。这里仅列出各流量的两组模型参数如下：

ifInOctets

$\varphi_1 = 0.14$，$\varphi_2 = -0.29$ 和 $\varphi_1 = 0.10$，$\varphi_2 = -0.07$

ifOutOctets

$\varphi_1 = 0.08$，$\varphi_2 = 0.28$ 和 $\varphi_1 = -0.26$，$\varphi_2 = 0.02$

ipForwDatagrams

$\varphi_1 = -0.41$, $\varphi_2 = -0.34$ 和 $\varphi_1 = 0.12$, $\varphi_2 = -0.10$

ipInReceives

$\varphi_1 = -0.04$, $\varphi_2 = -0.48$ 和 $\varphi_1 = 0.08$, $\varphi_2 = -0.14$

容易验证它们都满足平稳性条件。

因此，残差比异常检测方法可以应用于检测各流量。

同样，在各流量的观测值中随机抽取几个模型的残差，用 Q - Q 图（Quantile - Quantile Plot）验证它们是否和正态分布相符合。图 4.11～图 4.14 所示分别为对应各流量模型残差的 Q - Q 图。在这些 Q - Q 图中，显示各流量残差接近于标准正太分布。

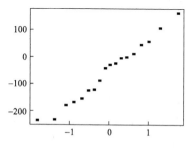

图 4.11 ifInOctets 残差的 Q - Q 图

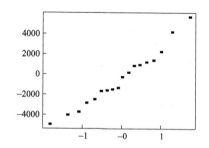

图 4.12 ifOutOctets 残差的 Q - Q 图

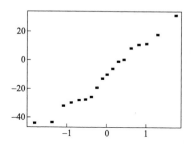

图 4.13 ipForwDatagrams 残差的 Q - Q 图

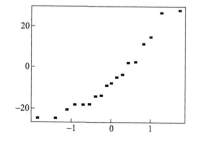

图 4.14 ipInReceives 残差的 Q - Q 图

4.4.5 检测过程

利用异常检测方法对网络流量进行实时检测，为了更好地介绍网络流量异常检测的方法，这里先提出一个异常检测应用系统模型，如图 4.15 所示。从收集网络流量开始，然后对各个收集的流量观测值时间序列进行检测，把对各个流量检测得到的异常信息叫作变量级异常信息。如果检测到变量级的异常信息，就把它转交到下一个阶段——信息融合（即警报关联），也就是说，要进行网络异常报警，需要检测多个变量参数的异常行为，把多个变量的异常信息融合起来，最后得出网络异常的报警信息，最后告知网络管理人员，以便及时采取修复或防范措施。

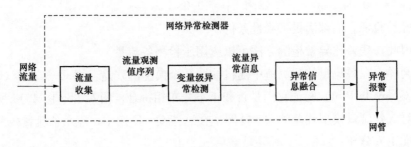

图 4.15　异常检测系统模型

定义 1：故障区间

假设网络在 t 时刻发生故障，如果网络故障导致的网络流量变化的持续时间为 N，那么把区间 $[t, t+N]$ 称为故障区间。

通过对两个故障实验中流量观测值的反复观察，可以确定当故障发生时，故障对流量观测值的影响时间。若在 t 时刻发生故障，在第一个实验中 Database server 故障引起的流量变化的持续时间约为 15min，那么它的故障区间为 $[t, t+60]$，在第二个实验中链路故障引起的流量变化的持续时间约为 7.5min，那么它的故障区间 $[t, t+30]$。

由于异常检测方法是逐个点进行检测，所以在故障区间内，往往会检测出多个异常点。例如，实验一的故障区间是 $[1800, 1860]$，对某个变量如 ifOutOctets [见图 4.9（b）]，可能会检测出以下点是异常的：1800，1803，1804，1809，…，它们同故障区间外异常点的意义不同，故障区间内的异常点是由于故障导致的异常，故障区间外的异常点则可以看作是一种干扰信息造成的。为了把故障区间内的异常点与故障区间外的异常点区分开来，给出下面的定义。

定义 2：正确检测异常事件

在用异常检测方法检测流量观测值序列时，如果在故障区间内检测到异常点（不论是一个还是多个），就说这种检测方法正确检测异常事件，如果在整个故障区间内都没有检测到异常点，就称为没有检测到异常事件。同时，把发生一次故障也叫作发生一个异常事件，发生 N 次故障也看作发生了 N 个异常事件。

值得注意的是，在后面的检测结果中，如果在同一个故障区间内检测到多个异常点，仍然是一个正确检测的异常事件。

定义 3：误检

如果在非故障区间内检测出异常点，则称为误检，这个异常点就称为误检异常点。

这里必须区分"正确检测异常事件"与"误检异常点"这两个概念。它们是两个不同意义上的概念，对于"正确检测异常事件"，只要在事件发生期间（即故障区间），被检测出一个或多个异常点，就称作正确检测异常事件，即使在同一个事件发生期间检测出多个异常点，也只能是正确检测一个异常事件。而"误检异常点"则是，在非事件发生期间检测出的异常点。"正确检测异常事件数"是指正确检测出的异常事件个数，而"误检异常点数"是在非事件发生期间检测出的异常点个数。

检测方法的性能可以用异常事件检测率（P_D）、异常点误检率（FAR）[6,16,22,32]。异常事件检测率表示正确检测异常事件数与发生的异常事件总数之比，异常点误检率表示误检点个数除与参与检测的所有点总数。它们的定义如下

$$P_D = \frac{正确检测异常事件个数}{发生异常事件总数}$$

$$FAR = \frac{误检异常点个数}{参与检测点总数}$$

这两个参数是用来评价检测方法的指标[32]，虽然它们在概念上有很大的不同，但是它们也是互相牵制的。显然，异常事件检测率 P_D 越大，说明检测方法的检测能力强；而异常点误检率 FAR 则是越小越好，它越小表明出现误检的可能性越小；但是这是一个矛盾，即 P_D 越大，那么相对来说，必须使用较小阈值，但较小的阈值同时也会使得出现误检的机会增多，从而 FAR 变大。反过来，为了减小 FAR，必须提高阈值，这又会使得异常事件的检测率 P_D 降低。所以在实际使用中必须根据实际情况在这二者之间作出适当的权衡。因此，比较两种检测方法的性能必须在相同的异常事件检测率 P_D 的情况下比较它们的 FAR，或者在相同 FAR 的情况下比较它们的事件检测率 P_D。

它们二者之间的关系可以用 ROC（Relative Operating Characteristic）曲线来描述，常用 ROC 曲线来分析检测方法的特性[32]。ROC 曲线的横坐标是 FAR，纵坐标是 P_D。

1. 变量级异常检测

用残差比异常检测方法和广义似然比方法分别检测实验数据，其中图 4.16、图 4.17 分别是实验一 ifOutOctets、实验二 ipForwDatagrams 的观测值及其检测。这两图中的图（a）都是流量观测值序列，图（b）和图（c）都分别是对应

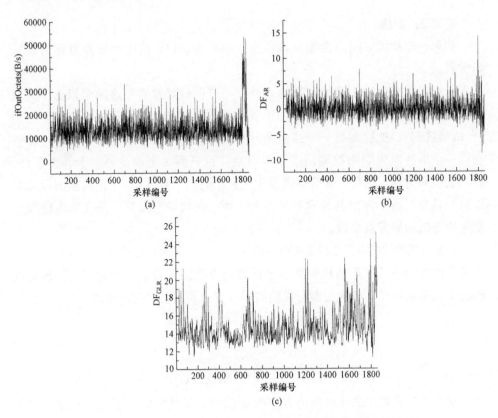

图 4.16　ifOutOctets 的观测值及两种方法检测的决策函数值

（a）实验一：ifOutOctets 的观测值；（b）残差比检测方法的决策函数值；
（c）GLR 方法检测的决策函数值

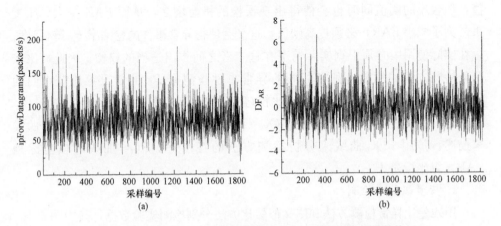

图 4.17　ipForwDatagrams 的观测值及两种方法检测的决策函数值（一）

（a）实验二：ipForwDatagrams 的观测值；（b）残差比检测方法的决策函数值

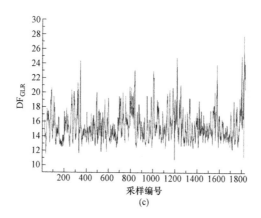

图 4.17　ipForwDatagrams 的观测值及两种方法检测的决策函数值（二）

（c）GLR 方法检测的决策函数值

的决策函数值。其中纵轴表示决策函数值，残差比检测方法的决策函数用 DF_{AR} 表示，广义似然比检测方法的决策函数用 DF_{GLR} 表示，横轴表示采样数据的序号。故障发生在采样点 1800，实验一的故障区间是 [1800，1860]，根据前面的定义，如果在点 1800 至点 1860 之间的检测出异常点，则是正确检测到异常。实验二故障区间是 [1800，1830]。

表 4.3、表 4.4 中列出了实验一中 ifInOctets、ifOutOctets 的检测数据；表 4.5、表 4.6 中列出了实验一中 ipForwDatagrams、ipInReceives 的检测数据。在选取阈值时，经过适当调整可以使得异常事件检测率分别是 1.0、0.9、0.8、0.7、0.6、0.5、0.4、0.3、0.2、0.1，可以得到相应的异常点误检率。阈值选取的办法：以决策函数值的 1% 为精确度（或称步长），逐次递增（或递减），直至检测率下降时的前一个决策函数值作为阈值。

例如，如果决策函数值在 1 至 10 之间，那么以 0.01 为步长，设 a 是一个常数，k 是整数，当以 $(a+k\times0.01)$ 为阈值时的异常事件检测率为 P，随着整数 k 的增大，检测率 P_1 会减小，假定 k_1 是使得 $P_1<p$ 成立的第一个（即最小的）k 值，那么就把 $[a+(k_1-1)\times0.01]$ 作为检测率为 P 时的阈值。

表 4.3～表 4.6 中的符号"—"表示异常点误检率是已经零，不必再降低异常事件的检测率。

从计算过程中可以发现，残差比检测方法的决策函数范围是 $(-1，-10)$（异常变小）或者 $(1，15)$，广义似然比检测方法的决策函数范围是 $(10，30)$。

表 4.3   **对实验一的流量 ifInOctets 的观测值序列检测**

检测方法	残差比检测方法		广义似然比检测方法	
P_D	阈值	FAR	阈值	FAR
1.0	−2.98	0.000917	19.6	0.004782
0.9	−3.03	0.000783	21.0	0.002124
0.8	−3.15	0.000617	21.7	0.001400
0.7	−3.22	0.000567	23.7	0.000900
0.6	−3.56	0.000283	23.9	0.000383
0.5	−3.67	0.000283	24.2	0.000317
0.4	−3.72	0.000183	24.9	0.000183
0.3	−3.89	0.000133	26.1	0.000150
0.2	−3.96	0.000067	27.1	0.000117
0.1	−4.35	0.000017	30.1	0.000050

表 4.4   **对实验一的流量 ifOutOctets 的观测值序列检测**

检测方法	残差比检测方法		广义似然比检测方法	
P_D	阈值	FAR	阈值	FAR
1.0	7.38	0.000105	24.0	0.000148
0.9	7.60	0.000035	25.2	0.000097
0.8	7.96	0.000035	25.3	0.000043
0.7	8.26	0.000027	25.4	0.000018
0.6	8.78	0.000008	26.4	0.000018
0.5	11.15	0	28.5	0

表 4.5   **对实验二的流量 ipForwDatagrams 的观测值序列检测**

检测方法	残差比检测方法		广义似然比检测方法	
P_D	阈值	FAR	阈值	FAR
1.0	5.89	0.000114	20.7	0.00257
0.9	6.30	0.000026	20.9	0.00233
0.8	6.81	0	21.1	0.00209
0.7	—	—	21.15	0.00203
0.6			23.2	0.000447
0.5			24.2	0.000220
0.4			25.1	0.000114
0.3			26.55	0.000035

续表

检测方法	残差比检测方法		广义似然比检测方法	
P_D	阈值	FAR	阈值	FAR
0.2			26.57	0.000035
0.1			27.5	0

表 4.6　　　　对实验二的流量 ipInReceives 的观测值序列检测

检测方法	残差比检测方法		广义似然比检测方法	
P_D	阈值	FAR	阈值	FAR
1.0	5.88	0.000105	20.5	0.00292
0.9	6.02	0.000061	20.7	0.00258
0.8	6.75	0	20.9	0.00232
0.7	—	—	21.0	0.00214
0.6			22.7	0.00065
0.5			24.3	0.000202
0.4			25.1	0.000105
0.3			26.0	0.000053
0.2			26.3	0.000035
0.1			27.3	0

把对两个实验的各流量数据检测结果用 ROC 曲线表示，如图 4.18～图 4.25 所示。各图中，横轴表示异常点误检率 FAR，纵轴表示异常事件正确检测率 P_D。在图中，相同高度（即 P_D 相等）的点，越靠近纵轴表示检测方法越好，而相同横坐标（即 FAR 相同）的点，纵坐标越高的表示检测方法越好。

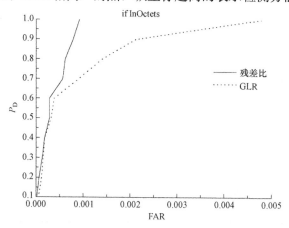

图 4.18　实验一流量 ifInOctets 的 ROC 曲线

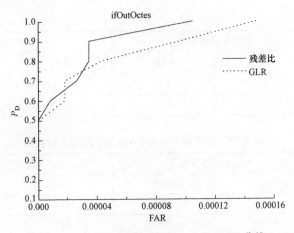

图 4.19　实验一流量 ifOutOctets 的 ROC 曲线

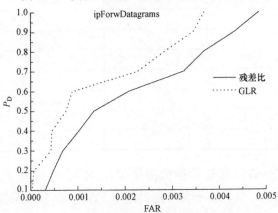

图 4.20　实验一 ipForwDatagrams 的 ROC 曲线

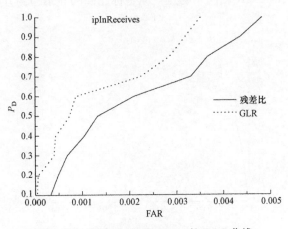

图 4.21　实验一 ipInReceives 的 ROC 曲线

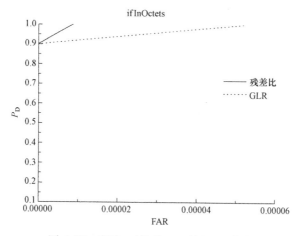

图 4.22　实验二 ifInOctets 的 ROC 曲线

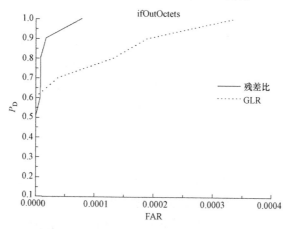

图 4.23　实验二 ifOutOctets 的 ROC 曲线

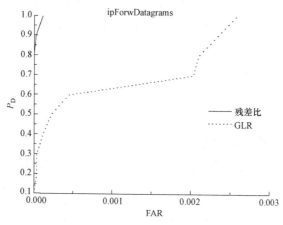

图 4.24　实验二 ipForwDatagrams 的 ROC 曲线

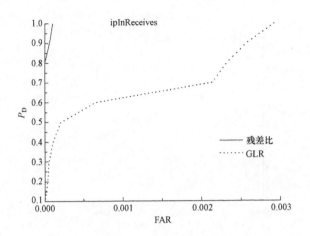

图 4.25　实验二 ipInReceives 的 ROC 曲线

从上述检测结果可以得出以下结论：

实验一中：残差比检测方法与广义似然比方法相比，对 ifInOctets、ifOutOctets 的检测效果更好，对 ipForwDatagrams、ipInReceives 的检测效果略差。这是因为服务器故障对接口组流量的影响更直接、更突出，对 IP 组的流量的影响则更缓慢（见图 4.9）。另外，对同一种检测方法，对接口组流量的检测率略高于 IP 组流量的检测率，这是由于接口组的流量对网络故障表现得比网络层流量更敏感，这与 Marina 等人[16]的结论是一致的。

实验二中：两种检测方法对接口组两个流量的检测效果都比较好，这是因为故障导致流量发生突变的幅度比较大（见图 4.10）；另外，残差比方法对四个流量的检测效果都好于广义似然比方法；其中，残差比方法对 ipForwDatagrams、ipInReceives 的检测效果明显好于广义似然比方法，这是因为在链路发生故障时，这两个流量在很短时间内（大约 5 个观测值）有一个突变，残差比检测方法在这种突变异常表现出较强的检测能力。由于流量 ifInOctets 和 ifOutOctets 在故障发生时有一个比较明显的突变，所以残差比方法也体现出较好的检测效果。

现在讨论检测延迟的问题，也就是当正确检出异常时，不同检测方法在故障区间内第一个检测出异常的位置。一般来说，在故障区间内，会出现多个点的决策函数值超出阈值，把在故障区间内第一个超过阈值的点的时间（位置）与故障发生时间（位置）的时间差（或称为位置偏移），称为检测延迟。经过统计并作平均，表 4.7 中列出统计数据。从表中可以看出，检测延迟基本上小于故障区间大小的一半，检测延迟单位是采样间隔时间。

表 4.7 对服务器故障的检测延迟

故障类型	检测方法	ifInOctets	ifOutOctets	ipForwDatagrams	ipInReceives
服务器故障	残差比	2	4	12	12
	GLR	0	11	22	22
链路故障	残差比	13	13	14	14
	GLR	10	6	12	12

2. 异常信息融合

变量级异常检测可以得到变量的异常信息。当检测到变量级的异常时，并不一定意味着网络中发生故障。要进行网络异常报警，仅仅检测一个变量的异常行为是不够的，往往还需要检测多个变量的异常行为，把多个变量的异常信息融合起来，最后才能发出报警通知。这里只进行简单的信息关联，把 4 个异常信息进行"与"的过程，即当 4 个流量同时被检测出异常时，才能判断网络出现相应故障。

在实验一中，如果在 t 时刻发生故障，则服务器故障的故障区间是 $[t, t+60]$，参考检测延迟结果（见表 4.7），可以这样来判断该故障：在各个故障区间 $[t, t+60]$（$t=1, 2, \cdots, 10$）内 4 个流量同时被检测出异常，就是正确检测故障，否则，就是故障误检。

当然，对于残差比检测方法，各个流量异常变化的情形必须与下述一致：ifInOctets 异常变小、ifOutOctets 异常变大、ipForwDatagrams 异常变小、ipInReceives 异常变小。

同样，可以得到实验二中链路故障的判断条件是：在各个故障区间 $[t, t+30]$（$t=1, 2, \cdots, 10$）内四个流量同时被检测出异常，就是正确检测故障，否则，是故障误检。对于残差比检测方法，各个流量必须都是同时异常变大。

定义故障检测率为

$$故障检测率 = \frac{正确检测故障个数}{已知发生故障总数}$$

列出两种检测方法对服务器故障和链路故障的检测结果分别见表 4.8、表 4.9。

表 4.8 两种方法检测服务器故障的性能比较

残差比方法		广义似然比方法	
故障检测率	误检故障个数	故障检测率	误检故障个数
1.0	3	1.0	4
0.9	2	0.9	3

残差比方法		广义似然比方法	
故障检测率	误检故障个数	故障检测率	误检故障个数
0.8	2	0.8	2
0.7	1	0.7	0
0.6	0	0.6	—

表 4.9　　　　　　　　　　　**两种方法检测链路故障的性能比较**

残差比方法		广义似然比方法	
故障检测率	误检故障个数	故障检测率	误检故障个数
1.0	1	1.0	3
0.9	0	0.9	2
0.8	—	0.8	1
0.7		0.7	0

4.4.6　结果和分析

通过实验数据验证了残差比异常检测方法的效果及其特点。实验一的数据检测结果表明，残差比方法与广义似然比方法相比，对 ifInOctets、ifOutOctets 的检测效果更好（见图 4.18 和图 4.19）。从流量观测值（见图 4.9）可以看出，由于服务器故障引起接口组流量的影响更突出明显，对 IP 组的流量的影响则更缓慢。这表明，残差比方法更适合于检测在短时间内流量发生突变的检测。对数据库服务器故障的检测，在相同的故障检测率时，残差比方法的故障误检个数少于广义似然比检测方法。在正确检测率为 1（即 10 个故障被全部检测出来）时，残差比方法的故障误检个数为 3，而广义似然比方法的故障误检个数为 4。

实验二的数据检测表明，两种检测方法对接口组两个流量的检测效果都比较理想，这是因为流量发生突变的幅度比较大，这一点可以从流量观测值（图 4.10）看出；另外，残差比方法对四个流量的检测效果都好于广义似然比方法；尤其是残差比方法对 ipForwDatagrams、ipInReceives 的检测效果特别明显，这是因为在链路发生故障时，这两个流量在很短时间内（大约 5 个观测值）有一个突变。对链路故障的检测，在相同的故障检测率时，残差比方法的故障误检个数也少于广义似然比检测方法。在正确检测率为 1（即 10 个故障被全部检测出来）时，残差比方法的故障误检个数为 1，而广义似然比方法的故障误检个数为 3。

在两种检测方法中，把滑动窗口大小调整为 10 和 30 的两种情况进行了分析和研究。对大小相同的滑动窗口，残差比检测方法和广义似然比检测方法对不同大小的滑动窗口都没有明显的变化。对同一种检测方法，当滑动窗口大小调整为 10 时，检测效果更差，当滑动窗口大小调整为 30 时，检测效果变化不大。另外，对另外两次实验数据的检测表明也没有明显的变化。

在变量的选择过程中，希望选择独立的变量，但是在所选择的四个变量 ifInOctets、ifOutOctets、ipForwDatagrams、ipInReceives 之间并不是完全独立的，它们之间仍然存在相关性，如 ifInOctets 和 ipInReceives 之间，ifOutOctets 和 ipForwDatagrams 之间。因为在一般情况下，ifInOctets 增大会引起 ipInReceives 和 ipForwDatagrams 的增大。接口组的两个变量 IfInOctets 和 ifOutOctets 代表了一个特定接口的流量特征，它们的异常变化可以直接反映子网内的故障，因此有必要收集并研究这两个流量的异常检测问题。IP 组的两个变量 ipForwDatagrams、ipInReceives 则记录了经过路由器所在节点的网络层的流量特征，通过它们可以检测的问题可以是子网内的问题（如 Database 服务器故障），也可以是主干链路的故障等。

经过第二个阶段的信息即异常信息的融合阶段的处理，对各个流量异常信息进行关联，使得故障的误报率明显小于变量级的异常误报率。

当网络发生故障时，需要时间来恢复正常，虽然这期间不必要考虑故障检测问题，但是网络也可能被检测为异常。为了避免在这期间产生异常警报，可以在检测到故障并经过确认并修复后重新开始检测，这样可以减少误报故障。

异常检测的目标是实现在线实时地对网络流量进行检测，所以必须考虑算法的复杂性。对于残差比检测方法而言，按 $N = 20$ 估算，零均值化的计算量很小（主要是有加减运算 40 次），主要的计算量在模型 AR(2) 的拟合和异常检测两个过程。模型拟合过程约有乘除运算 88 次，加减运算约有 74 次，最后异常检测过程乘除约有 64 次，约有加减运算 61 次，全部在线运算总量约为乘除 153 次，加减运算约 175 次，最后的信息关联过程只是几个简单"与"的运算，因此该检测过程可以在线完成，实现实时网络异常检测。

小　结

本章提出一种基于 AR 模型的异常检测方法。先对流量观测值进行平稳化处理，然后用 AR 模型进行转换，得到独立正态分布的残差序列，用似然比检验方法，检测流量观测值的异常。残差比检测方法则适合于检测短时间的突发异常，弥补广义似然比检测方法的不足。这种检测方法改变了广义似然比方法中的对个别或局部的异常检测能力若的缺点。残差比检测方法的弱点是，对于非突发性的异常，如呈现线性趋势、缓慢发生变化的异常情况检测能力不强。

异常检测方法的一个重要的应用是在较大规模的网络范围内，例如数十个局域网，要对它们进行监测，只需在各个局域网内从一个路由器的 SNMP 代理 MIB 中获取数据，就可以对它们进行一定程度上的监测，从而可以大大减少对各个局域网中各设备（服务器链路，路由器、交换机等）的监测，减少监测产生的流量，因此也扩大了网络监测的范围。异常检测方法同样也适用于其他的异常检测，如对网络攻击异常的检测等。

利用 SNMP 代理提供的 MIB 信息收集数据，收集方法简单。当检测到 MIB 变量中的异常时，并不一定意味着网络中发生故障。要进行故障报警，仅仅检测一个变量中的异常行为是不够的，通常还需要检测多个变量参数的异常行为，把多个变量的异常信息融合起来，最后得出报警信息。本书只进行简单的信息关联，把四个异常信息进行"与"的过程，即当四个流量同时（在故障区间之内）出现异常时，才能判断网络出现相应故障。通过异常信息的简单关联，使得故障误检个数很小（与变量级异常的异常点误检个数相比），最后取得较好的检测效果。对于信息的融合，这里未进行重点研究，但是其重要性是不言而喻的，它可能涉及人工智能、模式识别、决策理论等学科的知识，还需要对更多的网络故障进行研究和特征分析，根据流量的异常信息描述网络故障。同时，加强信息关联方面的研究工作来提高检测率，减小误报率，而不仅仅是检测出个别流量的异常信息就发出警报通知。

参 考 文 献

[1] Marina Throttan, C Ji. Adaptive thresholding for proactive network problem detection [C]. IEEE International Workshop on Systems Management, Newport, Rhode Island, 1998: 108-116.

[2] C S Hood, C Ji. Beyond thresholds: an alternative method for extracting information from network measures [C]. Proceedings of IEEE GLOBECOM Conference, Phoenix, Arizona, 1997: 487-491.

[3] Roy A Maxion, Frank E Feather. A case study of ethernet anomalies in a distributed computing environment [J]. IEEE Transaction on Reliability, 1990, 39 (4): 433-443.

[4] Paul Barford, David Plonka. Characteristics of network traffic flow anomalies [C]. Proceedings of the ACM SIGCOMM Internet Measurement Workshop, 2001: 69-73.

[5] Roy A Maxion. Anomaly detection for diagnosis [C]. The Twenty-Second International

Symposium on Fault‐Tolerant Computing, Newcastle Upon Tyne, England, 1990: 20‐27.

［6］F Featherr, Dan Siewiorek, R. Maxion. Fault detection in an Ethernet network using anomaly signature matching ［C］. Proceedings of ACM SIGCOMM Computer Communication Review, 1993, 23 （4）: 279‐288.

［7］C S Hood, C Ji. Proactive network fault detection ［J］. IEEE Transaction on Reliability, 1997, 46 （3）: 333‐341.

［8］Marina Thottan, C Ji. Adaptive thresholding for proactive network problem detection ［C］. IEEE International Workshop on Systems Management, Newport, Rhode Island, 1998: 108‐116.

［9］M Thottan, C Ji. Proactive anomaly detection using distributed intelligent agents ［J］. IEEE Network, 1998, 12 （5）: 21‐27.

［10］Marina Throttan, C Ji. Properties of network faults ［C］. Proceedings of the IEEE/IFIP Network Operations and Management Symposium, Honolulu, Hawaii, 2000: 941‐942.

［11］M thottan, C Ji. Using network fault predictions to enable IP traffic management ［J］. Journal of Network and Systems Management, 2001, 9 （3）: 327‐346.

［12］Amy Ward, Peter Glynn, Kathy Richardson. Internet service performance failure detection ［J］. Performance Evaluation Review, 1998, 26 （3）: 38‐44.

［13］Rajesh Talpade, Gitae Kim, Sumit Khurana. NOMAD: traffic‐based network monitoring framework for anomaly detection ［C］. Proceedings IEEE International Symposium on Computers and Communications, Red Sea, Egypt, 1999: 442‐451.

［14］L Lawrence Ho, David J Cavuto, Symeon Papavassiliou, et al. Adaptive and automated detection of service anomalies in transaction‐oriented WAN's: network analysis, algorithms, implementation, and deployment ［J］. IEEE Journal of Seletected Areas in Communications, 2000, 18 （5）: 744‐757.

［15］John W Tukey. Exploratory data Analysis ［M］. Reading, Massachusetts, California: Addison Wesley: 1977.

［16］M Thottan, C Ji. Statistical detection of enterprise network problem ［J］. Journal of Network and System Management, 1999, 7 （1）: 27‐45.

［17］王振龙. 时间序列分析 ［M］. 北京: 中国统计出版社, 2000.

［18］P de Soiza. Statistical tests and distance measures for LPC coefficients ［J］. IEEE Trasactions on Acoustics, Speech, and Signal Processing, 1977, 25 （6）: 554‐559.

［19］J Brutlag. Aberrant behavior detection in time series for network monitoring ［C］. Proceedings of the USENIX Fourteenth System Administration Conference LISA XIV, New Orleans, LA, 2000: 139‐146.

［20］Peter J Brockewell, Richard A Davis. Introduction to Time Series and Forecasting ［M］. New York: Springer, 1996.

［21］胡昌华, 张军波, 夏军, 等. 基于 MATLAB 的系统分析与设计: 小波分析 ［M］. 西安: 西安电子科技大学出版社, 1999.

［22］V Alarcon Aquio, J A Barria. Anomaly detection in communication networks using wavelets ［J］. IEE Proceeding‐Communication, 2001, 148 （6）: 355‐362.

［23］George E P Box，Gwilym M Jenkins，Gregory C Reinsel. Time series analysis fore casting and control ［M］. 顾岚，范金诚，译. 北京：中国统计出版社，1997.

［24］王叔子，等. 时间序列分析的工程应用 ［M］. 武汉：华中理工大学出版社，1992.

［25］Ih Chang，George C Tiao，Chung Chen. Estimation of time series parameters in the presence of outliers ［M］. Technometrics，1988，30（2）：193-204.

［26］K McCloghrie，M Rose. Management information base for network management of TCP/IP-based internets：MIB-II. RFC1213，1991. https：//datatracker. ietf. org/doc/rfc1213/.

［27］陈文革，钟雪慧，梁洁，等. 模拟技术及其应用 ［J］. 广东省电信科学技术研究院院报，2000，19，http：//www. gsta. com/book/19cc2. htm.

［28］V Frost，B Melamed. Traffic modeling for telecommunications networks ［J］. IEEE Communications Magazine，1994，32（3）：70-81.

［29］J Dilley，R Friedrich，T Jin，et al. Web server performance measurements and modeling techniques ［J］. Performance Evaluation，1998，33：5-26.

［30］Abdelnaser Adas. Traffic models in broadband networks ［J］. IEEE Communications Magazine. 1997，35（7）：82-89.

［31］J Scott Haugdahl. 网络分析与故障排除使用手册 ［M］. 张拥军，韩柯，顾金星，译. 北京：电子工业出版社，2000.

［32］John A Swets，Ronald M Pickett. Evaluation of diagnostic Systems：Methods from Signal Detection Theory ［M］. New York：Academic Press，1982.

第 5 章

MPLS 网络流量工程研究

多协议标签交换已成为 IP 网络的核心技术，基于 MPLS 的流量工程技术对提高网络资源利用率、改善网络性能具有十分重要的意义。本章分析了 MPLS 流量工程技术中面临的问题，概述了解决这些问题的最新研究进展，并进行分类，提出了 MPLS 流量工程结构模型，同时对 MPLS 流量工程研究的进行总结和建议。

在此研究基础上，分析了新一代互联网服务的需求——MPLS 流量工程面临着软交换实时服务的挑战。传统的标记交换路径建立方法一般采用启发式算法，其中含有许多参数作为限制条件，以及较大的计算量，难以满足实时服务的要求。尝试采用遗传算法，根据延时最短原则，提出一种新的路由计算方法，它只使用网络中每个链路的延迟时间作为参数。有一类即时通信类业务（如语音），在传输过程中只需要少量的网络带宽，且在目前的网络总带宽中的占比很低。为更好地满足这类业务的实时性要求，降低计算路径的复杂性，提出一种新的路由计算方法。尝试采用遗传算法，根据延时最短原则，以网络中每个链路的延迟时间作为路由选择的约束参数计算路径。模拟实验结果表明，该算法是可行和有效的。

5.1 基本概念及问题

随着互联网的迅速发展，互联网应用的逐渐增多，流量增长呈指数级迅速发展趋势。传统 IP 网络可满足传统业务（如 Email、Web）的传输要求，不能提供 QoS 保证。但是，有许多新业务对网络的服务要求质量保证，如话音、视频业务及其他实时通信业务，而且要求业务传输过程的可预见性，但传统 IP 网络也无法满足的这种传输过程的可预见性要求。

由于传统 IP 网络的路由协议，如 OSPF、RIP，是基于目的地址及简单度量

（如 hop - by - hop）的路由，目的 IP 地址前缀相同的所有数据包的下一跳相同；根据本地局部信息进行路由的决策，网络中的数据流常常汇聚到同一链路或同一节点的相同端口上，容易引起网络局部拥塞，而其他路径或链路上则处于相对空闲状态，经常导致流量的不均衡分布甚至产生路由振荡[1]，使网络资源利用率大幅度下降。为充分利用和调节全网资源，实现动态路由调整和灵活的网络控制，能预见传输业务的 QoS 性能，流量工程应运而生。多协议标签交换使网络管理能够运用流量工程技术，MPLS 流量工程技术已经在全球大多数核心网络中得到广泛应用。

5.1.1 流量工程

流量工程是映射业务流到实际网络拓扑的过程，是均衡网络链路、路由器以及交换机上负载的强有力工具[2]。通过管理和控制网络流量分布，可减少关键节点或链路的拥塞，提高资源利用率。流量工程技术不但可以更有效地管理网络资源，而且满足用户多样化的业务需求及性能保证，降低互联网服务提供商（Internet Service Provider，ISP）成本，缩短故障恢复时间。流量工程通常包括各种技术的应用、网络测量规则、各种问题的模型化、流量控制，以及如何将这些理论和技术应用到实践中来获取一些特定指标的性能[3]。

流量工程的演进过程中出现许多技术方案。IP 网络流量工程技术有传统 IP 网络的流量工程技术、重叠模型流量工程技术和集成模型流量工程技术三类[4]。传统 IP 网络流量工程技术不具有可扩展性，在大规模 IP 网络中有很大的局限性；重叠模型流量工程技术如 IPOA，系统复杂，开销大；集成模型流量工程技术中基于 MPLS 的流量工程是当前比较理想的解决方案，既具备重叠模型的全部功能，也是性价比最具竞争力的技术，已经成为 IP 网络中广泛采用的一种主流技术，被许多运营商应有于实际 IP 核心网络中。

5.1.2 MPLS 流量工程

MPLS 技术是结合二层交换和三层路由的 L2/L3 集成数据传输技术，支持网络层的多种协议，兼容多种链路层技术，相对简化网络层复杂度。IP 网络可以基于 MPLS 协议实施流量工程，允许为网络的数据流预先建立一条路径，路径占用特殊的网络资源，既可被手工设定为显式路径，也可根据需要自动生成最佳的路径。根据流量需要和链路承载能力建立标记交换路径，数据流被映射到相应的路径上。数据流通过哪条路径转发取决于该数据流被分配了什么样的标记，MPLS 中的标记被用于将数据包沿着选好的路径在网络中传送。MPLS 可用两种控制协议 CR - LDP 和 RSVP 建立路径，它们在支持流量工程时具有同等的效力。另外，这两种控制协议均支持隐式和显式路由。

　　流量工程的骨干具备管理路由器资源的能力，这对于网络中每台路由器是必需的。另外，网络中每一台路由器的容量及性能必须能在全网中共享，以便通过集成在具有 MPLS 功能的边缘路由器（LER）或者是边缘标签交换路由器（edge-LSR）中的集中式流量工程处理功能进行 LSP 的计算。流量工程处理功能必须能访问以下信息：LSP 终端节点（也就是目的 IP 地址），一个完整的网络拓扑以便计算潜在路径，以及网络中所有路由器的资源可用性。

　　基于 MPLS 流量工程的许多问题正在研究发展中[3]，如 LSP 的计算、分组映射到转发等价类（FEC）、FEC 与 LSP 之间映射、快速重路由、对实际流量的自适应功能、流量在多条 LSP 之间的分担、资源属性的抢占策略等。

5.1.3　MPLS 流量工程面临的挑战

　　MPLS 流量工程技术在得到了广泛的应用的同时，也面临着新业务的挑战。在下一代网络（NGN）中，软交换是网络呼叫和控制的主要技术，它为实时业务提供了呼叫和连接控制功能，由此并推出了许多新的业务，如 IP 语音、数据和 IP 视频业务。为了满足作为业务承载的软交换服务，网络必须具有很强的可扩展性和同时支持多种业务的能力。此外，它必须是高速、宽带、安全的，并保证服务质量。基于 IP 网络的 NGN 业务及其终端是一个必然的结论，IP 技术经过改造后，可能成为 NGN 承载业务网络的核心技术。在服务质量上，目前NGN 承载业务网络还存在一些问题。MPLS 流量工程技术将满足 NGN 网络实时服务的 QoS 要求，从而使网络资源得到合理有效的部署，提高网络资源的利用率。尽管电信运营商提出，通过 MPLS 虚拟专用网（VPN）或轻负载等保证实时业务 QoS 的措施，但实际上 MPLS 流量工程中还存在许多问题需要解决。

5.2　MPLS 流量工程研究进展

　　在基于 MPLS 流量工程研究中，定义了流量主干（Traffic Trunk）的概念，把属于同一类的业务流的"汇集"称作流量主干，是可路由的对象，与它所经过的 LSP 不同。流量主干属性是指一组与流量主干相关，并对流量主干的行为特征进行描述的属性参数，主要有流量参数属性、通用路径选择与管理属性、优先权属性和抢占属性。基于 MPLS 的流量工程近期主要研究工作在以下四个方面展开，即 LSP 建立方法、LSP 选择、业务分流和故障或拥塞恢复。

5.2.1　LSP 建立方法

　　通常采用约束路由的方法建立 LSP。约束路由是一种命令驱动并具有资源预留能力的路由算法，它能够和现有的 IGP 共存。约束路由根据流量主干属性、资源属性、拓扑信息等，在各个网络节点上对该节点上发起的每一条流量主干自动地计算出一条显式路由。它是一条详细的标记交换路径，满足流量主干的需求条件，服从资源、管理策略和其他的拓扑状态信息等方面的各种约束条件，有助于对网络的性能优化，减少手工配置和人工干预。

基于 MPLS 的流量工程路由机制有在线和离线两种。在在线模型中，当流量到来时，MPLS 域的入口路由器根据约束条件算法在线计算路径，用 RSVP 流量工程或 CR - LDP 建立 LSP；在离线模型中，由一个路由服务器预先计算路径，并发送到入口路由器，在这里建立 LSP。有些方法是离线的（如预规划路径法），有些是在线的（如关键链路法），而有些方法则包含在线与离线两种机制（如流量预测法）。建立 LSP 是 MPLS 流量工程中的一个重要过程，主要有预规划路径法、流量预测法、关键链路法和链路属性法四种方法。

1. 预规划路径法

预规划路径可分为三个步骤[5]，这些步骤都是离线完成的。第一，路径查找，为每对出口/入口路由器之间查找所有可能路由，这些路由作为备选 LSP 路由；第二，路由选择，从路径集合中选出两个子集，一个用于承载数据流，另一个作为故障恢复或避免拥塞的备份路由；第三，业务流分配，按照一定的规则把业务流分配到多条路径上。对于路径查找有三种方法：①查找所有链路不相交的路径（KSP）；②查找出多条长度相等，且长度都为最短的路径（TSP）；③用多种路径查找方法查找组成一个路径集（UPS），按照一定的规则（如链路带宽）划分为流量网络和备份网络。KSP 查找法可靠性较高，TSP 查找法则可获得性能更优的路由。文献[6]用基于 Lagrangean 的路由方法，把流量工程模型化为数学规划问题，并给出启发式算法。文献[7]则把流量工程模型化为整数规划问题，求出相应地启发式自适应遗传算法。文献[8]提出 C - BAR 规划算法，在网络规划阶段，根据网络拓扑、潜在的流量负载，以及入口/出口节点对的位置，在每个入口/出口节点对之间定义预备路径，实现 LSP 之间的负载平衡。文献[9]给出关于最短路由延迟、最优负载平衡、最少业务分流的数学模型算法。文献[10]则把区分服务和基于约束的路由二者结合起来，建立数学模型，满足不同 QoS 需求，同时保持多路径上负载的均衡。

另外，文献[11]提出一种建立 LSP 的规划模型 MILP（Mixed Integer Linear Programming），与传统的路由方法相比，MILP 提高了 MPLS 网络的吞吐率，并减少丢包。

2. 流量预测法

文献[12]提出一种动态路由算法，该算法的主要思想是利用测量所得流量情况，预测未来流量的分布情况。算法分为两个阶段：预处理阶段和在线路由阶段。在预处理阶段，根据流量的预测情况确定在网络链路上的带宽分配；然后，在线阶段根据预处理阶段所获得的信息，用最短路径路由方法建立 LSP。流量预测法和预规划路径法相同之处在于都预先获取网络流量数据，不同之处则是流量预测法是进行流量预测，而且根据预测流量进行实时的路由。

此外，在一对出/入口路由器之间，有多条并行 LSP 时，可以通过发送探针包（Probe Packet）来测量 LSP 的延迟时间，并预测近期的延时。当不同 QoS 要求的数据流到达时，入口路由器可根据延迟时间选择满足要求的 LSP[13]。这种方法适合于对延迟敏感的服务。

3. 关键链路法

提高链路利用率是流量工程的主要目的之一。在为 LSP 分配带宽时，应充分"珍惜"关键链路的带宽资源，提高其他数据流请求的成功率，使同样的网络能承载更多的业务。

路由算法 MIRA（Minimum Interference Routing Algorithm）[14]在建立 LSP 过程中，对网络关键资源使用尽量最少，即尽可能地少用甚至不用关键链路，对将来建立其他 LSP 的影响做到最小。

通常情况下，根据 MPLS 网络的拓扑结构、各链路的剩余带宽建立 LSP，而不考虑入口/出口路由器的位置。事实上，如果不考虑入口/出口路由器的位置，会出现什么情况呢？考虑图 5.1 所示网络结构，有三个潜在的源和目的节点对，(S1，D1)、(S2，D2)、(S3，D3)。假定所有链路剩余带宽为 1 个单位的带宽，现在 S3 和 D3 之间有一 LSP 请求，带宽为 1 个单位，按跳数最少的路由，这个 LSP 的路由应该是 1—7—8—5，那么，将会阻止 S1 和 D1、S2 和 D2 之间的路径，显然这时更好的办法是选择路由 1—2—3—4—5，尽管路径更长。这个例子说明，为承载更多的业务，建立 LSP 时，应当考虑入口/出口路由器的位置。

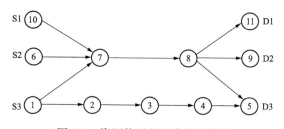

图 5.1　资源使用产生冲突的例子

因此，选择路径应该尽可能地减小对建立其他 LSP 的影响。Koushik Kar 等人[14]提出最小影响路由的概念，把一个入口/出口节点对之间可以路由的最大带宽称作该节点对之间的最大流（Maxflow），对应每个入口/出口节点对之间有一个 Maxflow，那么，在所有可能的入口/出口节点之间的 Maxflow 有一个最小值，在一个入口/出口节点对之间建立 LSP 时，如果使这个最小值达到最大，就表明对其他对潜在的源和目的节点对之间建立 LSP 的影响是最小的。最小影响路由的定义：对每个源和目的节点对，例如，（S1，D1）之间的 LSP 定义其最小影响路径为，使所有其他节点对之间 Maxflow 的最小值最大化的显式路由。建立最小影响路径不但可以满足更多的潜在业务需求，还扩大了链路发生故障时 LSP 重路由的所需带宽。建立最小影响路径需找出关键链路，应尽量避免 LSP 经过关键链路。

4. 链路属性法

通常，基于链路状态的路由方法，链路的属性会影响路由，需要定义链路的某种属性，作为路由的一个依据。把定义链路属性调整路由的方法称作链路属性法。可定义链路的饱和度[15]和链路的路径潜值（Path Potential Value，PPV)[16]。链路饱和度描述链路的已使用情况，饱和度与利用率成正比例关系。在 MPLS 域中，每个入口/出口节点对之间可以建有许多路径 LSP，每条链路出现在这些路径中的机会各不相同，链路的 PPV 是用来衡量一条链路出现在所有路径中的可能性大小，把这种可能性进行量化后的数值。DORA 就是基于 PPV 的流量工程路由机制[16]，DORA 的运行分为两个阶段：第一阶段，计算出口/入口节点对的 PPV 阵列；第二阶段，把 PPV 与链路剩余带宽结合起来进行加权，并将该加权值作为一个依据计算 LSP。基于链路属性的方法可以提高路径请求和重路由的成功率。

5. LSP 建立方法分析

在预规划路径方法中，先建立 LSP，当业务流到达时直接请求 LSP。虽然有充分的时间和信息来建立最佳路由 LSP，但是，网络状态随时发生变化。当网络状态发生变化时，先前的最佳 LSP 此时未必还是最佳的。预规划路径方法需要较多的流量和网络资源信息，且适应性不好。流量预测方法和预规划路径方法相同之处在于都预先获取网络流量、网络状态等信息，不同之处是流量预测方法进行流量预测，并进行实时的路由后建立 LSP，比预规划路径方法显得更具有"实时"性，对网络状况变换的适应性更好。

关键链路法出发点是尽可能地节省关键链路，关键链路并不是一成不变的，它是一个相对的、动态的概念，是指某个时刻为数据流寻找路由时，路径中剩余带宽最小的链路。显然，这种关键链路带宽是值得珍惜的。链路属性法，把针对链路的某种属性参数，作为建立 LSP 路由的一个依据，可满足特定路由的需要，从而更好地满足特定业务的服务质量 QoS 要求。

预规划路径法与预测流量法理论性较强，是理想的流量工程解决方案，比关键链路和链路属性法更复杂。后两种方法类似于链路状态路由方法，如 OSPF 路由协议中，通常以链路带宽的函数作为路径费用，而这里定义链路的其他属性，作为决定路由的依据，因此可以把关键链路和链路属性法作为 OSPF 的扩展和补充。

5.2.2　LSP 选择

在 MPLS 网络中，为克服传统的基于简单度量的最短路径法的缺陷，每对入口/出口路由器之间可建立多条 LSP，从中选择最合适路径。选择 LSP 主要有基于实时测量数据、基于网络拓扑或资源、非最短路径三种选择方法。

1. 基于实时测量数据选择法

MATE 方法[17]应用基于路径的实时测量，获得 LSP 的实时性能，供流量分配时选择，从而实现流量的均衡分布。MATE 方法在入口路由器上按照一定规则把不同数据流保存到 N 个队列中，然后为 N 个队列中的数据流选择适当 LSP，从而实现流量在多条 LSP 的平衡，避免网络拥塞。QTA 方法[18]也是一种基于实时测量的分流方法，该方法根据探测数据包对 LSP 的测量，映射 Besteffort 和 QoS 流量到适当的 LSP，达到流量负载的平衡。

2. 基于网络拓扑或资源选择法

文献[19]提出 TSLB 和 RSLB 两种选择 LSP 的静态方法，以及动态方法 DLB。TSLB 是一种基于网络拓扑的 LSP 选择方法，可以看作是最短路径算法的扩展，流量到来时首先选择最短路径路由，如果该路径资源不足，那么选择有足够资源的更长的路径。这种方法大大减少最短路径路由中常见的拥塞现象，但没有考虑到业务对 LSP 性能的实际需求，同时也会导致了网络资源利用率的降低。RSLB 则是一种基于网络资源的 LSP 方法，它克服了 TSLB 的第一个缺陷，当新的流量到来时，选择最接近满足带宽请求的路由，为将来到达流量保留尽可能大带宽的 LSP。但是 RSLB 仍然是一种静态算法，当网络随机出现流量，且速率会发生波动，导致资源利用率的降低。DLB 则是一种动态算法，是对上述两种方法的改进，克服它们的不足之处，它同时考虑网络拓扑和资源情况，在网络轻载时，选择跳数少且高带宽的路径；反之，就把小带宽数据流路由到另一条适当的路径上，为大流量预留高带宽路径。

3. 非最短路径选择法

在选择 LSP 时，通常首先考虑是否有足够的带宽满足数据流要求，再考虑其他参数如延迟、延迟抖动。TE-QoSPF[20]则采取灵活的规则，未必选择跳数最少的路径。例如，把带宽选择 LSP 时考虑的主要参数，当一条非最短路径的剩余带宽较大时，就可能选择该路径。在 TE-QoSPF 选择法中，Lim S. H. 等人建议，当一条备选径 A 比最短路径 B 多一跳时，如果 A 的剩余可用带宽多于最短路径的两倍，那么选择 A；如果 A 比最短路径 B 多两跳时，则 A 的剩余可用带宽多于最短路径的 3 倍时，选择 A；依此类推。为了避免选择过长的路径，给出一个跳数差距阈值 C，如果两条备选路径的跳数相差超过 C，则选择更短路径。

4. LSP 选择方法分析

在基于路径的实时测量选择方法中，当数据流到达 MPLS 入口路由器，根据数据流对 LSP 的要求，选择合适的 LSP，能更好地满足业务流的需求。基于网络拓扑或网络资源的选择方法则是更侧重于考虑网络整体负载的均衡，可以减少网络拥塞现象的发生，但是以降低网络资源的利用率为代价。非最短路径选择方法比较灵活，可根据实际需要调整路径的选择方法，有针对性地满足业务的需求，提高业务的接通率。

5.2.3　业务分流

流量主干是同类业务流的汇集，是可路由的对象，与它所经过的 LSP 不同，可以从一条路径转移到另一条路径上。MPLS 流量工程的基本功能之一，就是将流量主干恰当地映射到 LSP 上，提高网络资源的利用率，使网络运行更加高效和可靠。映射的过程也称作业务分流，根据网络资源现状和业务需求信息，把数据流均衡地映射到多个 LSP 上的方法，业务分流使可控制的数据流粒度更精细，更加合理地利用网络资源。业务分流的主要方法有数字规划方法和分解带宽约束法两种。

1. 数学规划方法

业务分流问题已经用数学方法进行描述和规划[1]，即以减少拥塞和最大限度地满足流量增长的需求为目的，进行业务流的线性方程求解。该方法分别对业务流可拆分与不可拆分两种情形转化为线性规划（LPF）和整数规划（IPF）问题，当业务流可拆分时，可以求出最优解，即在一定的网络资源和承载流量的情况下，假定可对某个业务流进行任意比例的拆分，并分流到多条路径上传送，那么就可以使网络中各链路利用率的最大值达到最小，节约了网络带宽资源，提高网络资源的利用率。

事实上，对业务流进行任意比例的拆分是不现实的，对于不可拆分的情形，线性规划问题就转化为整数规划问题，属于 NP 难问题，只能进行启发式求解，最短路径（Shortest Path）和最小跳数（Minimum Hops）即为两种最常见的启发式解。最短—最宽路径法（Shortest-Widest Path）是一种最短路径启发式解，该方法具有最大带宽的路径中最短的路径。选择具有最大带宽的路径中最短的路径；由于 LPF 算法会把一些业务流拆分到多条路径上传送，但被实际拆分业务流的比例比较小，因此可以把这部分业务流重路由到单条路径上，即是启发式算法 LPF-RR（Linear Programming Formulation-Re-Routing）。它是在线性规划精确解的基础上，对少部分的业务流进行重新路由（并不拆分业务流）。此外，文献[21]把流量分流问题形式化为 MIP（Mixed Integer Programming），提出建立路径的两种线性规划算法，即分别在路由跳数受限和不受限的情况下，建立多条 LSP 并把业务分流到多条 LSP 上的方法。

2. 分解带宽约束法

对于大带宽的数据流，网络中单条 LSP 无法满足约束需求时，文献[22]把一个数据流分散到多条 LSP 上传送，即把数据流的带宽约束分解成多个小的带宽约束，然后给出多条 LSP 的小带宽约束路由算法，最后把数据流分流到相应的小带宽约束 LSP。在一定的带宽约束条件下，应使入口与出口路由器之间的路径费用最小。对于小带宽的约束路由，有多种情形的具体算法，如等带宽（EB）法、最大带宽优先（MPBF）法等。等带宽法按带宽相等的分解约束条件，再根据这些约束条件寻找路由并使费用最小；最大带宽法则是首先选择最大带宽路径，再寻找满足剩余带宽约束条件的路径；依此类推。

在 MPLS 流量工程技术中，业务分流的方法已经在理论上得到很好的解决，但在实际应用中，考虑到算法的复杂性以及实际运用的可行性，需要采用近似解。数据流的带宽约束分解成多个小带宽约束条件与业务流拆分，都可以提高网络资源利用率，提高建立 LSP 路径的成功率；两种方法都属于预规划，在业务到来之前根据网络资源及业务情况进行规划。

数据流的带宽约束分解成多个小带宽约束条件与业务流拆分不同之处在于二者选择路径的出发点不同，数据流拆分选择使网络链路利用率的最大值最小化的路径，带宽约束分解则以路径费用最小化为出发点选择路径。

5.2.4 故障恢复

为提供可靠的服务，MPLS 需要对各 LSP 上的流量进行保护。要求 MPLS 域内的 LSR 具有故障检测、故障告警、故障恢复功能。故障检测的时间越短，流量恢复就越快。目前检测故障是根据周期性的消息传递实现，如果检测点在一定时期内没有收到邻居节点的消息，则邻居节点被认为是发生故障，然后启动故障告警过程，告知邻居 LSR 发生故障，最终把故障消息传递到 MPLS 域的入口 LSR，由它启动故障恢复功能。故障恢复的策略有两种类型：重路由和路径保护。

1. 重路由

重路由是指在故障发生后，基于故障消息、网络拓扑等信息建立新的 LSP，继续提供流量传送服务。通常，故障发生时，故障指示信号需要从故障节点附近回传至源路由器，这个延迟还可以减小，那就是 FIS 只需回传到上一路由器，路由切换至备用链路，绕开故障节点或链路，响应时间较短[23,24]。这种快速响应方法的不足之处在于保护链路需要很大的带宽资源。文献[25]提出两种重路由机制：FID（First-Improve Dynamic Load Balancing）与 LFIC（Lazy First-Improve Dynamic Load Balancing）。其中，FID 机制是在链路负载接近链路带宽时启动重路由；LFID 机制是在链路发生一定程度的拥塞至不能满足 LSP 需求时重新选择路由。这两种重路由机制在启动重路由时，都考虑到负载的均衡。

2. 路径保护

为在网络发生故障时保证继续提供服务，除重路由以外，还可以提供路径保护，即在故障发生时把流量切换到相同源节点和目的节点的保护路径上。可利用整数规划建立主 LSP 和保护 LSP[26]。在文献[27]提出的恢复路径建立方法中，并不同时建立主 LSP 和保护 LSP，而是在建立主 LSP 的同时，查找保护 LSP 的路由，但不预留带宽资源，在 LSR 上不断地更新网络资源信息，当启用 LSP 时，根据已有的路由信息建立保护 LSP。文献[28]提出针对区分服务流量的保护路由（Class Aggregate Information With Preemption，CAIP），CAIP 只需知道各类流量占用的流量信息。与简单的汇聚信息相比（Simple Aggregate Information Scenario，SAIS），CAIP 降低了资源消耗及 LSP 请求的拒绝率，提高了网络中剩余的带宽。文献[29]则对 MPLS 流量工程中可靠性问题进行讨论，给出一种启发式算法，提高主路径可用性，最小化故障的影响及网络资源总消耗量。

上述方法要求预先建立的恢复路径与工作主路径平行，即除源节点和目的节点外，没有公共节点和公共链路，否则，如果公共节点或公共链路发生故障，则主路径和恢复路径都将无法正常使用。为了进一步提高可靠性，可采用提供两条保护路径的方法[30]，甚至可提供多条保护路径[31]。文献[32]提出在预处理阶段识别 LSP 上的关键链路，当发生故障时把不含关键链路的 LSP 作为主要路径，含关键链路的 LSP 作为备份保护路径。

重路由是指在故障发生后，基于故障消息、网络拓扑等信息建立新的 LSP，其优点在于可以充分利用网络资源，不足之处是在故障发生之后需要计算和建立恢复路径的时间。路径保护包括在故障发生之前预规划和建立恢复路径两个阶段，即在故障发生之前，进行 LSP 的预规划和建立 LSP，故障发生之后马上启用，把故障 LSP 上的流量切换到保护 LSP 上来进行保护。其特点是恢复时间短，但是资源利用率较低。

5.3　基于遗传算法的 MPLS 流量工程路径计算

5.3.1　问题描述

令 $G=(V, E, P)$ 表示一个 MPLS 网络拓扑图，V 是网络节点的集合，E 是链路的集合。也就是说，E 是 MPLS 网络中标记交换路由器的集合，P 是标记交换路径的集合，对任一链路 $(i, j) \in E$。如果 L（$L \in P$）表示经过链路 (i, j) 的路径，则连接 i、j 两个节点的边 (i, j) 可以表示为 $(i, j) \in E$。令 t_{ij} 表示从节点 i 到节点 j 的延时，包括在这两节点自身的延时，以及在链路 (i, j) 上的延时。$D(L)$ 表示所有入口路由器到出口路由器的延时，即

$$D(L) = \sum_{(i, j \in L)} t_{ij} \tag{5.1}$$

假设 ingress 和 egress 分别是路径的起始 LSR 和结束 LSR。对于每个节点对（ingress，egress），搜索从 ingress 到 egress 最短延时路径的问题如下

$$\mathrm{Min}(D(L)) \tag{5.2}$$

$$D(L) = \sum_{(i, j \in L)} t_{ij} \tag{5.3}$$

其中，L 为从 ingress 到 engress 的一条路径。

上述目标函数（5.1）表示要最小化的变量是路径 L 的延时。约束（5.2）表示通过路径 L 的延迟时间是路径 L 通过的所有链路的延迟时间总和。约束（5.3）确保全部可能路径是从入口 LSR 路由到出口 LSR，从而确保端到端路径通过网络。

显然，这是一个 NP 难问题，因为当网络规模很大时，搜索空间很大。针对这一问题，提出了一种基于延迟的遗传算法（Delay - Based Genetic Algorithm，DBGA）计算路径。

5.3.2　遗传算法简介

遗传算法（GA）常用于解决搜索优化问题。遗传算法采用一个随机但有方

向的搜索来定位全局最优解。遗传算法具有以下特点：①优化问题可行解的遗传表示（或编码）；②编码解的总体；③评价每个解的最优性的适应度函数；④从现有总体生成新总体的遗传算子；⑤控制参数。一般来说，遗传算法的过程描述为以下六个步骤：①创建初始的个体群体；②计算每个人群的适应度函数；③选择父母；④通过选定的父母交叉创建孩子；⑤通过选定的父母中创造突变孩子；⑥为该遗传算法迭代确定迄今为止最好的个体。

5.3.3 基于遗传算法的 LSP 计算

根据遗传算法及路径计算问题，算法描述如下。

（1）初始化。从一个节点开始，如果下一个节点直接与当前节点连接，则路径将在任何方向前进，直到无法继续。在多次重复（如 1000 次）之后，可以生成初始种群。

（2）评价函数。假定一条路径上的每一条链路的延时如下

$$t_1, t_2, \cdots, t_i, \cdots, t_n$$

那么，路径 L 的评价函数为

$$F(L) = \sum_{i=1}^{n} t_i$$

（3）选择算子。伴侣是从初始种群中按照一定的概率随机选择的。

（4）交叉算子。如果两个选定的个体交叉，应该首先在个体 A 和 B 中找到公共基因。假定 B 有基因 K_1、K_2、K_3、K_4（按照 B 的基因顺序），同时也在 A 中出现（但可能顺序不一样），假定这两个个体分别是：

个体 A：$\{FromNode, (\cdots A \cdots), K_4, (\cdots B \cdots), K_1 (\cdots C \cdots), K_3 (\cdots D \cdots), K_2 (\cdots E \cdots), ToNode\}$

个体 B：$\{FromNode, (\cdots F \cdots), K_1, (\cdots G \cdots), K_2 (\cdots H \cdots), K_3 (\cdots I \cdots), K_4 (\cdots G \cdots), ToNode\}$

A 和 B 可分为以下几个小段进行交换。

现在交换表 5.1 中的每个段，表 5.2 显示出根据给定概率随机显示的每个阶段的交叉过程。这里"$\cdots D inverse sort \cdots$"段表示原始段"$\cdots D \cdots$"反向排列。

表 5.1　　　　　　　　　　　A 和 B 中要交换的段

$FromNode, (\cdots), K_1$	$K_3, (\cdots), K_4$
$K_1, (\cdots), K_2$	$K_4, (\cdots), ToNode$
$K_2, (\cdots), K_3$	

表 5.2　　　　　　　　　　　　交 叉 过 程 表

段	各阶段交叉结果
FromNode	$\{FromNode\}$
Generated to K_1（with corresponding segment of A）	$\{FromNode,(\cdots A\cdots),K_4,(\cdots B\cdots),K_1\}$
Generated to K_2（with corresponding segment of B）	$\{FromNode,(\cdots A\cdots),K_4,(\cdots B\cdots),K_1,(\cdots G\cdots),K_2\}$
Generated to K_3（with corresponding segment of A）	$\{FromNode,(\cdots A\cdots),K_4,(\cdots B\cdots),K_1,(\cdots G\cdots),K_2,(\cdots Dinversesort\cdots),K_3\}$
Generated to K_4（with corresponding segment of A）	$\{FromNode,(\cdots A\cdots),K_4,(\cdots B\cdots),K_1,(\cdots G\cdots),K_2,(\cdots Dinversesort\cdots),K_3,(\cdots Cinversesort\cdots),K_1,(\cdots Binver\,sesort\cdots),K_4\}$
Generated to $ToNode$（corresponding segment of A）	$\{FromNode,(\cdots A\cdots),K_4,(\cdots B\cdots),K_1,(\cdots G\cdots),K_2,(\cdots Dinversesote\cdots),K_3,(\cdots Cinversesort\cdots),K_1,(\cdots Binver\,sesort\cdots),K_4,(\cdots B\cdots),K_1,(\cdots C\cdots),K_3,(\cdots D\cdots),K_2,(\cdots E\cdots),ToNode\}$

所以，新的个体为

$\{FromNode,(\cdots A\cdots),K_4,(\cdots B\cdots),K_1,(\cdots G\cdots),K_2,(\cdots Dinversesort\cdots),$
$K_3,(\cdots Cinversesort\cdots),K_1,(\cdots Binversesort\cdots),K_4,(\cdots B\cdots),K_1,(\cdots C\cdots),K_3,$
$(\cdots D\cdots),K_2,(\cdots E\cdots),ToNode\}$

值得注意的是，新的个体中可能有一个或多个循环，这些循环应该被删除。

（5）变异算子。所有的交叉个体应该被再轮询，且按照变异概率被选择进行变异。突变的反演算法应用在本章提出的算法中，该算法通过下述一个例子进行描述。

假定个体 A 是 $\{B,C,A,D,E,J,H,I,F,G\}$。首先，在 A 中随机选择两个基因，如选择 D、I，然后将介于 D 和 I 之间的基因反向排列，即

$\{B,C,A,\mid D,E,J,H,I\mid,F,G\}\rightarrow\{B,C,A,\mid I,H,J,E,D\mid,F,G\}$

当然，节点对和节点对都应该直接连接。

（6）停止操作。假设 T 是给定的重复次数，当上述程序的执行次数大于 T 时，程序将停止。因其路径最短，所以最大评价函数值的个体成为最适合的解决办法。

5.4 遗传算法计算路径模拟实验

在本节中，通过模拟实验来评价基于延时的路径计算方案在应用中可行性和有效性。网络模型采用基于欧洲地理的 30 个虚拟节点和 46 链路的网络。表5.3 是 30 个虚拟节点对应编号，其中每条线路的延时是根据一个城市到另一个城市的距离来估算的，分配的结果见表5.4。

表 5.3　　　　　　　　　　模拟实验中网络节点及对应编号

网络节点	编　号	网络节点	编　号
Madrid	1	Copenhagen	16
Barcelona	2	Oslo	17
Paris	3	Stockholm	18
Lyon	4	Warsaw	19
Marseille	5	Cracow	20
Rome	6	London	21
Milan	7	Birmingham	22
Zurich	8	Manchester	23
Vienna	9	Helsinki	24
Budapest	10	Lisbon	25
Prague	11	Athens	26
Birlin	12	Belgrade	27
Hamburg	13	Bucharest	28
Ruhr	14	Sofia	29
Stuttgart	15	Dublin	30

对遗传算法的参数进行了如下设置。该基因用符号编码法表示，路径用依次经过的网络节点的顺序表示。初始化种群、目标函数（5.2）为评价函数，交叉概率等于 0.5，变异概率等于 0.2，最大发生次数等于 1000。

表 5.4　　　　　　　　　　各　链　路　的　延　时

links	Delay (ms)	links	Delay (ms)	links	Delay (ms)	links	Delay (ms)
1<—>2	10	6<—>27	15	11<—>20	7	19<—>20	7
1<—>3	25	7<—>8	5	12<—>13	6	19<—>24	30

links	Delay (ms)	links	Delay (ms)	links	Delay (ms)	links	Delay (ms)
1<—>4	20	8<—>9	15	12<—>16	9	21<—>22	3
1<—>25	15	8<—>15	6	12<—>19	15	21<—>23	6
2<—>5	10	9<—>10	8	13<—>14	7	22<—>23	4
3<—>4	8	9<—>11	4	13<—>16	5	22<—>30	7
3<—>14	15	9<—>27	10	13<—>21	17	23<—>30	8
3<—>21	10	10<—>20	7	14<—>15	6	26<—>27	28
4<—>5	7	10<—>27	8	16<—>17	16	26<—>29	15
4<—>8	10	10<—>28	10	16<—>18	15	28<—>29	8
5<—>7	8	11<—>12	8	17<—>18	8		
6<—>7	12	11<—>15	10	18<—>24	9		

实验结果显示最佳 LSP 见表 5.5（按顺序的节点号 LSP 进行路由描述）。实验结果表明，该网络模型具有最短延时的路径。

表 5.5 **基于遗传算法的路径计算结果**

(ingress, egress)	Delay (ms)	Optimal LSP	(ingress, egress)	Delay (ms)	Optimal LSP（s）
1—8	30	1 4 8	2—26	73	2 5 7 6 27 26
1—18	70	1 4 3 14 13 16 18	3—6	35	3 4 5 7 6 3 4 8 7 6
1—19	60	1 4 8 15 11 20 19	3—11	31	3 14 15 11
1—24	79	1 4 3 14 13 16 18 24	17—26	75	17 16 12 11 9 27 26
1—28	63	1 4 8 9 10 28	24—25	96	24 18 16 13 21 3 1 25
2—18	67	2 5 4 3 14 13 16 18	24—30	60	24 18 16 13 21 23 30
2—19	53	2 5 7 8 15 11 20 19	25—26	98	25 1 4 8 9 27 26 25 1 2 5 7 6 27 26

考虑在线计算部分的算法复杂度，对于每一代染色体组，评价函数的计算比其他染色体组复杂。评价函数的计算复杂度小于 $m \times n \times t$，因此，算法的总计算复杂度小于 $o(m \times n \times t)$。例如，如果一个网络有 50 个节点，一对源节点和目标节点有 100 条路径，并且循环时间 t 为 100，那么总计算复杂度小于 $o(105)$，这个计算量在实际应用中是可以接受的。

小　　结

本章概述了当前各种 MPLS 流量工程方法，并进行分类和特点分析，主要有 LSP 建立方法、业务分流、故障恢复、故障恢复四个方面，为研究基于 MPLS 网络的流量工程技术提供参考。

本章提出了一种基于延迟的遗传算法来解决 MPLS 流量工程中最短延迟的路径计算问题，这是一种新的算法。它采用了一种新的交叉算子，结合变异算子和符号编码方法，形成一个完整的遗传算法。模拟实验结果表明，该算法能够找到延时最短的路径，这表明该算法是一种令人满意的优化方法。这种计算路径的方法降低了计算复杂度，能满足 MPLS 网络中实时业务的需求，未来还需要在更多的实际网络中进行验证和比较。

通过分析研究，得出 MPLS 流量工程结构模型及认识。

1. MPLS 流量工程结构模型

MPLS 流量工程技术为更好地实现流量工程提供了条件。图 5.2 所示为 MPLS 流量工程系统图，从入口 LSR 接收业务流开始，到选择 LSP 后结束，主要包括接收业务、计算路由、建立 LSP、业务分流、选择 LSP、故障恢复以及流量预测等功能模块。MPLS 流量工程系统的工作原理：在 MPLS 网络的入口 LSR 上，接收业务流，并获取业务流的性能需求信息；根据业务流的性能需求

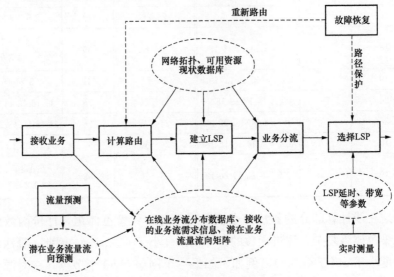

图 5.2　MPLS 流量工程系统

信息、网络拓扑、可用资源数据库，计算路由，路由算法可以是 RIP、OSPF 关键链路法寻找路由等；找出路由以后，根据网络资源信息库、业务流量流向信息库建立 LSP；针对业务性能参数需求信息、LSP 信息，进行业务分流，平衡网络负载；在按照业务的分流情况，选择适当的 LSP，即对资源进行调度；流量预测功能模块根据在线流量信息对潜在业务流量进行预测，将预测的流量信息存入流量流向信息库中，使网络资源信息库更完整，以更好地提高业务接收率，提高资源利用率；实时测量功能模块对 LSP 进行测量，如采用探针（Probe）等方法，测量 LSP 的延时、带宽等性能参数，为业务流选择适当的 LSP 提供参考信息；当网络发展故障或网络拓扑发生变化时，启动故障恢复模块，重路由或者把业务流切换至保护路径，保证网络的正常服务。

当前，MPLS 流量工程研究主要包括 LSP 建立方法、LSP 选择、业务分流和故障恢复四个方面。事实上，LSP 建立方法的研究主要在查找路由上，路由查找又是基于网络拓扑结构和各链路的使用现状信息，为获得足够的信息，并求出准确解决方案，需要较大的资源开销，具有一定的理论指导意义，而在实际应用中则需要进行一些简化。LSP 的选择问题以业务流的需求为出发点，例如，主要考虑节省带宽资源或是延时等，从而确定选择 LSP 的原则。业务分流的问题，对于可任意拆分业务流的求解，可以达到理想的效果，对于业务流不可任意拆分的情况，有多种（如最短路径、最小跳数法）启发式分解方法，以及带宽约束的分解方法。故障恢复方法应确定业务流的特性要求，对实时性业务、资源丰富的情况应采用路径保护，而对非实时性业务、资源紧张的情况则应考虑重路由。

2. MPLS 技术是提高互联网性能的关键

在面向分组和面向连接技术发展的道路上，MPLS 成为二者融合的产物，它吸收了二者的优点，继承面向分组技术的资源共享、高效，以及面向连接技术的高性能，同时也不可避免地带来复杂程度的增加。MPLS 为网络技术的发展带来新的发展空间和机遇，被众多制造商和电信运营商所采用。由于 CR - LDP 的复杂性而较少被设备制造商所采用，RSVP - TE 成为 MPLS 流量工程普遍采用的控制协议。

3. 实施 MPLS 流量工程的矛盾性

研究 MPLS 流量工程意义重大。在 MPLS 网络中实施流量工程的目的主要在三个方面：一是找出最优或满足要求的路由，提高网络服务性能；二是有效利用网络资源，为网络运营商节省成本；三是在发生故障或拥塞时的快速恢复，改善传输性能。前二者之间通常是矛盾的，找出最好的路径需要更多更精确实时的信息、更复杂的计算，而这恰恰需要更多的网络资源，因此会导致网络资源利用率降低；反之，为提高网络资源利用率，有时无法选择最佳的路由。同样，有效利用资源和快速恢复之间也存在矛盾。为达到网络故障或拥塞的快速恢复，需要准备更多的备份路径和资源，这样必然造成资源的更大浪费，降低资源的使用效率。因此，在研究中，应面向各种业务特性，从运营商或使用者角度出发，提出相应且可行的流量工程方法。在实际应用中，应综合权衡利弊，选择合适的方法。

4. 对 MPLS 流量工程算法的要求

（1）支持区分服务。由于网络承载业务不同，需要满足不同业务用在带宽、时延、时延抖动、故障恢复等方面有不同的服务质量要求。从网络运营商来说，希望网络能承载不同的业务，满足不同客户的需求，能够针对不同类型的服务质量要求，执行不同的流量工程策略。

（2）可扩展性。当网络基础设施扩大、能力增强、技术进步，以及互联网迅速扩张时，要求 MPLS 流量工程算法应能适应新的应用和环境，因为更换新的算法将带来新问题。

（3）复杂性控制。约束路由算法应尽量降低复杂性，缩短 LSP 的计算时间，尽可能地少占用资源，且易于实现。

5. MPLS 流量工程进一步的研究

（1）支持新业务需求。以视频点播等影视节目为主的流媒体业务的引入，给网络运营带来了很大冲击，传统的网络模型和业务模型难以满足流媒体业务的需要。为满足流媒体业务高带宽、高 QoS 保证需求、双向不对称/对称流需求、点对多点的广播流需求的特点软交换业务与流媒体业务相反，以话音为主的软交换业务，具有带宽需求相对较小、实时性、时延抖动小等特点。如何计算恰当路由、建立高带宽 LSP、发生故障或拥塞时的快速恢复，以及如何进行业务分流、满足流媒体业务、软交换业务等新业务要求，都向 MPSL流量工程技术提出了挑战。对于网络运营商，希望网络能承载不同的业务，满足不同客户的需求，能够针对不同类型的服务质量要求，执行不同的流量工程策略。

（2）MPLS 流量工程整体解决方案。当前已经提出很多 MPLS 流量工程技术，如何把各个功能整合起来，并针对各种业务的需求，为网络运营商提供切实可行和有效地解决方案。

（3）信息库。信息库包括网络资源信息库、流量流向信息库，如何收集网络资源信息、信息更新、流量预测、流量分布、信息库数据结构等，都有待进一步研究。

（4）网络路径测量技术。在 MLPS 网络中，为满足业务需求，满足可预见 QoS 的要求，应对 LSP 进行测量。

参 考 文 献

［1］ Yufei Wang，Zheng Wang. Explicit routing algorithms for internet traffic engineering ［C］. Proceedings of IEEE International Conference on Computer Communications and Networks，Boston，Massachusetts，USA，1999：582－588.

［2］ Chuck Smeria. Traffic engineering for the new public network ［R］. White Paper，Part Number：200004－004 09/2000，Juniper Network，Inc..

［3］ D Awduche，J Malcolm，J Agogbua，et al. Requirement for traffic engineering over MPLS ［S］. RFC 2702，September 1999. https：//tools. ietf. org/html/rfc2702.

［4］ D O Awduche. MPLS and traffic engineering in IP networks ［J］. IEEE Communications Magazine. 1999，37（12）：42－47.

［5］ A B Bagula，A E Krzesinski. Traffic engineering label switched paths in IP networks using a pre－planned flow optimization model ［C］. Proceedings of Ninth International Symposium on Modeling，Analysis and Simulation of Computer and Telecommunication Systems，2001：70－77.

［6］ Dias R A，Camponogara E，Farines J－M，et al. Implementing traffic engineering in MPLS－based IP networks with Lagrangean relaxation ［C］. Proceedings of the Eighth IEEE International Symposium on Computers and Communications，2003：373－378.

［7］ Liu Hong，Bai Dong，Ding Wei. An explicit routing optimization algorithm for internet traffic engineering ［C］. Proceedings of International Conference on Communication Technology，2003（1）：445－449.

［8］ Pin－Han Ho，Mouftah H T. Capacity－balanced alternate routing for MPLS traffic engineering ［C］. Proceedings of Seventh International Symposium on Computers and Communications. 2002：927－932.

［9］ Subhash Suri，Marcel Waldvogel，Priyank Ramesh Warkhede. Profile－based routing：a new framework for MPLS traffic engineering ［EB/OL］. ［2005－05－01］. http：// www. cs. wustl. edu/ cs/techreports/2000/wucs－00－21. ps. gz.

［10］ Selin Cerav Erbas，Rudolf Mathar. An off－line traffic engineering model for MPLS networks ［C］. Proceedings of 27th Annual IEEE Conference on Local Computer Network，Tampa，Florida，USA，2002：166－174.

［11］ R Suryasaputra，A A Kist，R J Harris. Verification of MPLS traffic engineering techniques ［C］. Proceedings of 2005 13th IEEE International Conference on Networks Jointly held with the 2005 IEEE 7th Malaysia International Conference on Communication. 2005

(1): 190-195.

[12] Chen Yuzhong, Yang Bingqing, Ren Rong, et al. Traffic engineering with constraint-based routing in DiffServ/MPLS network [C]. Proceedings of The 13th IEEE Workshop on Local and Metropolitan Area Networks, 2004: 125-128.

[13] Tarek Saad, Tingzhou Yang, Dimitrios Makrakis. DiffServ-enabled adaptive traffic engineering over MPLS [C]. Proceedings of International Conferences on Info-Tech and Info-Net, Beijing, China, 2001, 2: 128-133.

[14] Koushik Kar, Murali Kodialam, T V Lakshman. Minimum interference routing of bandwidth guaranteed tunnels with MPLS traffic engineering applications [J]. IEEE Journal on Selected Areas in Communications, 2000, 18 (12): 2566-2579.

[15] Zhenyu Li, Zhongzhao Zhang, Lei Wang. A novel QoS routing scheme for MPLS traffic engineering [C]. Proceedings of International Conference on Communications Technology, Beijing, China, 2003 (1): 474-477.

[16] R Boutaba, W Szeto, Y Iraqi. DORA: efficient routing for MPLS traffic engineering [J]. Journal of Networks and Systems Management. 2002, 10 (3): 309-325.

[17] Anwar Elwalid, Cheng Jin, Steven Low, et al. MATE: MPLS adaptive traffic engineering [C]. Proceedings of Twentieth Annual Joint Conference of the IEEE Computer and Communications Societies. 2001 (3): 1300-1309.

[18] Bing-feng Cui, Zhen Yang, Wei Ding. A load balancing algorithm supporting QoS for traffic engineering in MPLS netwoks [C]. Proceedings of The Fourth International Conference on Computer and Information Technology, Wuhan, China, 2004: 436-441.

[19] Keping Long, Zhongshan Zhang, Shiduan Cheng. Load balancing algorithms in MPLS traffic engineering [C]. Proceedings of IEEE Workshop on High Performance Switching and Routing, 2001: 175-179.

[20] S H Lim, M H Yaacob, K K Phang, et al. Traffic engineering enhancement to QoS-OSPF in DiffServ and MPLS networks [C]. IEE Proceedings-Communications, 2004, 151 (1): 101-106.

[21] Youngseok Lee, Yongho Seok, Yanghee Choi, et al. A constrained multipath traffic engineering scheme for MPLS networks [C]. Proceedings of IEEE International Conference on Communicationss, 2002, 4: 2431-2436.

[22] Ho Young Cho, Jae Yong Lee, Byung Chul Kim. Multi-path constraint-based routing algorithms for MPLS traffic engineering [C]. Proceedings of IEEE International Conference on Communications, Anchorage, AK, USA, 2003, 3: 1963-1967.

[23] D Haskin, R Krishnan. A method for setting an alternative label switched paths to handle fast reroute [EB/OL]. (2000-11-01) [2005-05-01]. http: //www. potaroo. net/ietf/all-ids/draft-haskin-mpls-fast-reroute-05. txt.

[24] F Otel. On fast computing bypass tunnel routes in MPLS-based local restoration [C]. Proceedings of 5th IEEE International Conference on High Speed Networks and Multimedia Communications, 2002: 234-238.

[25] Elio Salvadori, Roberto Battiti, Filippo Ardito. Lazy rerouting for MPLS traffic engineering [EB/OL]. (2003-03-01) [2005-05-01]. http: //eprints. biblio. unitn. it/ar-

chive/00000368/01/011. pdf.

[26] E Yetginer, E Karasan. Robust path design algorithms for traffic engineering with resto-ration in MPLS networks [C]. Proceedings of Seventh International Symposium on Com-puters and Communications, 2002: 933 - 938.

[27] S Yoon, H Lee, D Choi, et al. An efficient recovery mechanism for MPLS - based pro-tection LSP [C]. Proceedings of Joint 4th IEEE International Conference on ATM and High Speed Intelligent Internet Symposium, 2001: 75 - 79.

[28] Fahad Rafique Dogar, Zartash Afzal Uzmi, Shahab Munir Baqai. CAIP: a restoration routing architecture for DiffServ aware MPLS traffic engineering [C]. Proceedings of 5th International Workshop on Design of Reliable Communication Networks, Istand of Ischia, Naptes, Italy, 2005: 55 - 60.

[29] Amin M, Kin - Hon Ho, Pavlou G, et al. Improving survivability through traffic engi-neering in MPLS networks [C]. Proceedings of 10th IEEE Symposium on Computers and Communications, Murcia, Spain, 2005: 758 - 763.

[30] R Bartos, M Raman. A heuristic approach to service restoration in MPLS networks [C]. Proceedings of IEEE International Conference on Communications, 2001, 1: 117 - 121.

[31] Y Afek, A Bremler - Barr, H Kaplan, et al. Restoration by path concatenation: fast re-covery of MPLS paths [J]. Distributed Computing, 2002, 15 (4): 273 - 283.

[32] Shyam Subramanian, Venkatesan Muthukumar. Alternative path routing algorithm for traffic engineering in the internet [C]. Proceedings of International Conference on Infor-mation Technology: Coding and Computing, 2003: 367 - 372.

第 6 章

图像稀疏编码方法研究

稀疏编码是模拟生物视觉系统信息加工机制的重要方法。对人眼视觉感知机理的研究表明，人眼视觉系统可看成是一种合理而高效的图像处理系统。在人眼视觉系统中，大脑皮层细胞是视觉系统信息处理的基本结构和功能单元，图像信息从视网膜通过视觉通路传导至大脑皮层的神经元，将图像在边缘、端点、条纹等方面的特性以稀疏编码的形式进行描述。

稀疏编码算法是一种无监督学习方法，用来寻找一组"超完备"基向量来更高效地表示样本数据。稀疏编码算法的目的就是找到一组基向量，以便能将输入向量表示为这些基向量的线性组合。稀疏编码具有较高的编码性能和图像表达和存储能力，它使自然图像信号的结构更加清晰。本章对图像的稀疏编码研究现状进行综述，并进行展望。同时，提出一种新的稀疏编码方法，即基于赫布规则（Hebbian Rules）的稀疏编码基向量计算方法，通过构造两层的神经网络，使用赫布规则去除所有初始向量的冗余，训练出新的基向量。实验表明，该方法是有效的，且计算复杂度较小。

6.1 研究背景

据统计，在人们通过感觉器官收集信息的各种方式中，视觉约占 65%，听觉约占 20%，触觉约占 10%，味觉约占 2%[1]。可见，通过视觉器官获取的图像信息占大多数。由于图像信息所占的存储空间大，对图像信息的压缩处理显得尤其重要。图像编码过程中的线性脉冲编码调制并没有去除图像信息中的冗余度，需要进行压缩编码。图像压缩编码是指在满足一定质量的条件下，以较少比特数表示图像或图像中所包含信息的技术，减少图像中冗余信息，以降低存储空间，缩短传输无用信息时间。然而在相同的压缩编码技术下，编码质量和压缩比往往是一对矛盾。当要求有较高的信息压缩效果时，需要以复原图像的质量下降为代价。如何建立新图像和视频的分析模型，从而改进压缩编码算法长久以来一直是图像处理领域的研究热点。对图像、视频等多媒体信息的压缩编码通常有两条思路，一是采用成熟的通用数据压缩技术进行压缩，二是根据媒体信息的特性设计新的压缩方法。由于通用数据压缩领域技术已经相当成熟，于是人们提出针对自然图像的有效编码方法，即稀疏编码。稀疏编码的概念是由 Michison[2] 提出，源于视觉神经网络的研究，是模拟生物视觉神经系统获取自然环境统计特性的一种方法。

人类的神经系统在进化和发展过程中能够自动适应外界环境，能够根据感受到的信号的特性来调节自己的行为。大脑之所以能够对外界环境自适应，是因为复杂的外界刺激存在冗余，而大脑的神经元能够有效地去除这些冗余。在假定感知系统能够最有效地处理那些最常出现的信号，Barlow 提出有效编码理论[3]，合理地解决复杂外部环境和有限的神经元数量之间的矛盾。一系列的实验有力证明了有效编码理论的正确性[4]。有效编码理论通常有两种研究思路[5]，一种是在自然刺激的条件下测试视觉神经系统响应的统计特性，例如 Vinje[6] 等人的研究，他们发现对于自然环境中的刺激，视皮层细胞的响应满足稀疏分布；另一种研究思路是推测感知系统信息处理的模型，例如 Olshausen 和 Field 提出的模型[7]，解释了感知系统的信息处理过程。

稀疏编码算法是模拟生物视觉系统信息加工机制的重要方法，已经成为图像编码的一种有效方法。大量的科学实验发现：哺乳类生物视觉系统初级视皮层 V1 区的视神经元按照所完成功能的复杂性可以分为简单细胞、复杂细胞和超复杂细胞三类。它们的共同特点是对大面积弥散光不产生反应，而对特定朝向的亮暗对比边界产生选择性、局部位置选择性和频率选择性。简单细胞对外界视觉刺激的响应活动表现出稀疏性，这与稀疏编码算法是一致的。由于稀疏编码算法与生物视觉系统的信息加工机制密切相关，研究稀疏编码算法对图像处理技术具有十分重要的意义。在图像处理中，用尽可能简洁的方式来表示图像信息，对图像的处理以及目标识别等都具有重大意义。稀疏编码也是神经计算科学领域的重要研究课题之一，其形成和发展与神经生物学中有关生物视觉系统的研究发现密切相关。

当视觉神经系统感受一幅自然图像时，视皮层大部分神经元对该幅图像不响应或者响应很弱，只有少部分的神经元有较强的响应。从数学上解释，一幅图像可以看作是一小部分基函数的线性加权组合（编码）。稀疏编码就是这种由少部分神经元或基函数对图像进行的响应描述或编码表达，数据经稀疏编码后仅有少数分量同时处于明显激活状态，即呈现超高斯分布。视皮层对外界刺激采用神经稀疏表示原则，可以对繁杂冗余的信息进行简化和去除。这一点对神经元抽取视觉刺激中的最显著和本质的特征极为重要。

6.2 稀疏编码模型研究现状

对图像编码的基函数研究主要是通过模拟提取皮层神经元在视网膜感受野内的特征进行的。从建立模型的出发点来看，稀疏编码模型可分为模拟视觉系统特征模型、统计分析模型两大类模型。模拟视觉系统特征模型是模拟生物视觉感知系统，根据神经元响应的稀疏特性，对自然图像进行有效编码的方法。由于对视皮层 V1 区如何进行的编码仍然不清楚，目前该类稀疏编码模型多数采用启发式的学习方法，多为线性模型，未考虑非线性部分，常常得不到准确的估计模型。从建模的方式来看，模拟视觉系统特征模型可分为自底向上的、自底向上和自顶向下相结合的两种建模方式。

自底向上建立模型的具体方法包括 Olshausen 等人提出的主视皮层 V1 区简单细胞感受野模型、小波基函数模型、超完备基模型；自底向上和自顶向下相结合的模型有面向知觉任务的稀疏编码模型、带反馈机制的双层稀疏编码模型、基于注意机制的稀疏编码模型，以及双层反馈神经网络的视觉模型。

统计分析模型的方法即传统的图像特征提取方法，是建立在数字信息处理和概率统计的基础上，与人类视觉系统强大而复杂的信息处理能力较远。统计分析模型主要有独立元分析（Independent Component Analysis，ICA）模型、通用字典模型、非负矩阵分解模型等。独立元分析模型的特点是在假定分量独立的条件下建立模型，使用条件较强，应用范围受到限制。

双层神经网络和 ICA 相结合的模型是一种视觉系统模拟和统计分析相结合的模型，该模型扩展自然图像 ICA 及单层稀疏编码方法为双层，显示出视皮层 V1 区柱状体组织之间存在清晰的连接关系，以及复杂细胞响应的拓扑结构。分别对模拟视觉系统特征、统计分析以及两种方法相结合的三类模型进行概述。

6.2.1 模拟视觉系统模型

1989 年，Field 提出稀疏编码方法[8]。大脑视皮层模式感知中的一个基本问题是对于视网膜成像后的图像在视皮层中是如何进行表达的问题。自然图像的稀疏编码模型矩阵形式为

$$X = AS + N$$

其中，$\boldsymbol{X}$ 表示一幅图像的灰度像素值矩阵；$\boldsymbol{A}$ 表示模拟处级视觉系统主视皮层 V1 区感受野的特征基向量矩阵；$\boldsymbol{S}$ 是随机稀疏系数矢量矩阵，表示对不同的基图像的响应，对应主视皮层 V1 区简单细胞神经元的活动状态；$\boldsymbol{N}$ 通常假设为白噪声。因此，对自然图像进行稀疏编码的目的是找到一个线性基函数表达式，使得每一个子图像块能够用较少的非零系数线性表示出来。

模拟视觉系统特征的稀疏编码模型中，有线性和非线性的。为了计算模型，需要利用自然图像数据进行训练学习。根据模型学习的不同目标以及非线性模型特征大致分为最大似然概率模型、目标函数优化模型、Gabor 小波基函数模型以及神经网络模型四种。

1. 最大似然概率模型

常用的自然图像稀疏编码模型

$$\boldsymbol{X}(x,y) = \sum_i^N a_i(x,y)s_i + n \tag{6.1}$$

是一种线性稀疏编码。其中 $\boldsymbol{X}(x,\ y)$ 表示一幅图像的灰度像素值，$(x,\ y)$ 表示像素的空间坐标；a_i 表示模拟初级视觉系统主视皮层 V1 区感受野的特征基向量，它是特征基矩阵 $\boldsymbol{A}=[a_1,a_2,\cdots,a_m]$ 的第 i 列向量；s_i 是随机稀疏系数矢量，表示主视皮层 V1 区简单细胞对不同基图像的响应，对应主视皮层 V1 区简单细胞的活动状态，是系数矩阵 $\boldsymbol{S}=[s_1,s_2,\cdots,s_m]^{\mathrm{T}}$ 第 i 行向量。该模型是一种线性的稀疏编码模型，使用标准梯度下降算法最大化模型（6.1）的似然对数实现基向量 $\boldsymbol{A}$ 的学习。假定 σ^2 是高斯噪声 n 的方差，函数 $f(s_i)$ 是指定的随机变量的分布，那么系数矩阵 a_i 的梯度为

$$\Delta a_i \propto \langle \int \big[\boldsymbol{X} - \sum_i a_i s_i\big] s_i^{\mathrm{T}} P(s_i \mid a_i, \boldsymbol{X}) \mathrm{d}s_i \rangle$$

其中，$\langle \cdot \rangle$ 表示随机变量的期望值，$P(s_i)$ 表示系数 s_i 的先验分布，$P(s_i \mid a_i,\ \boldsymbol{X})$ 表示后验概率。实际应用时，最大化模型的似然对数，取后验概率最大值作为一个样本，即令

$$\hat{s}_i = \arg \max_{S_i} P(s_i \mid a_i, \boldsymbol{X})$$

系数分量的学习规则为

$$\dot{s}_i \propto \frac{a_i^{\mathrm{T}}}{\sigma_n} \big[\boldsymbol{X} - \sum_i a_i s_i\big] - f'(s_i)$$

当 $s_i=0$ 时，可以求得 $\hat{s}_i$，从而得到基函数的学习规则。

2. 目标函数优化模型

在学习稀疏编码模型的参数时，常常考虑编码的重构误差，即把重构误差

作为编码的目标函数。在稀疏编码模型中，除使重构误差尽可能小之外，有些模型还考虑编码的稀疏程度，即在目标函数中不仅考虑误差最小化，还新增编码系数的稀疏性衡量参数。这类稀疏编码模型称作目标函数优化编码模型。

(1) 标准稀疏编码模型。Olshausen 和 Field[7] 提出的稀疏编码模型，被称作标准的稀疏编码模型。1996 年，Olshausen 和 Field 指出自然图像经过稀疏编码后得到的基函数类似于 V1 区简单细胞感受野的反应特性，即任意给定的一幅自然图像可以用一个很大的数据集合中的少数几个非零元素来描述，采用一个低熵编码进行描述。在这种编码中，每个系数为非零状态的概率密度分布是单峰的。把问题转化为最小化目标函数为

$$E = - [保持信息] - \lambda [系数的稀疏性]$$
$$= \sum_{x,y} \left[I(x,y) - \sum_i s_i \varphi(x,y) \right]^2 + \lambda \sum F(s_i | \sigma) \tag{6.2}$$

式中：$I(x, y)$ 表示原始图像的像素灰度值；s_i 表示随机系数变量；$\varphi_i(x, y)$ 表示特征基向量；σ 是给定的系数方差尺度标量，$\sigma = \sqrt{\langle s_i^2 \rangle}$；$\lambda$ 是一个正常数。

由式（6.2）可以看出，信息保持项是原始图像和重构图像的均方误差，它衡量编码描述图像的质量；第二项中，$F(\cdot)$ 是一个非线性函数，被称作稀疏惩罚函数，它衡量一幅给定图像的编码稀疏性，其形式必须正确选择。Olshausen等人给出以下三种形式的 $F(\cdot)$

$$F(x) = |x|, \quad F(x) = -e^{-x^2}, \quad F(x) = \log(1+x^2)$$

这种稀疏编码模型提取的基函数首次成功地模拟了 V1 区简单细胞感受野的三个响应特性：空间域的局部性、时域和频域的方向性和选择性。

在求解目标函数 E 的最小化问题时，假设基函数是给定的，首先更新系数 s_i，然后在假定系数给定的情况下，更新基函数 $\varphi_i(x, y)$。对于一幅给定的图像，对关于系数 s_i 的微分式采用一个均衡方案实现更新过程，s_i 的更新规则为

$$\Delta s_i = \sum_{x,y} \varphi_i(x,y) I(x,y) - \sum_j \left[\sum_{x,y} \varphi_i(x,y) \varphi_j(x,y) \right] s_j - \frac{\lambda}{\sigma} F' \left(\frac{s_i}{\sigma} \right)$$

基函数 $\varphi_i(x, y)$ 的学习规则为

$$\Delta \varphi_i(x,y) = \eta \langle s_i \left[I(x,y) - \sum_j s_i \varphi_j(x,y) \right] \rangle$$

其中，$\langle \cdot \rangle$ 表示随机变量的期望值，η 是学习速率。

虽然 Olshausen 和 Field 提出的稀疏编码模型成功地描述了主视皮层 V1 区简单细胞编码外界视觉刺激图像的过程和特征，其编码方案与电神经生理实验结果一致。但该稀疏编码模型的算法中采用随机初始化的基函数和特征系数，难以找到一个较好的局部最优解，收敛速度慢；算法通过先验分布确定系数分

量，根据经验选择三个函数进行实验，在实际应用中还需要进一步确定；此外，算法的目标函数对系数的方差没有约束，可能导致图像无法稳定地表示。稀疏编码的系数要求是不相关，理想情况是相互统计独立。根据 Hyvaien[9] 的研究，判断分量之间的独立性问题可以转化为分量的非高斯性最大化问题。峭度（四阶累计量）、负熵和互信息是常用的三个非高斯性度量标准[10]。峭度是度量随机信号非高斯性的最简单方法，峭度越大，非高斯性越显著，当峭度大于零时，随机变量服从超高斯分布，即满足稀疏分布；另外非高斯测量方法是负熵，负熵的估计比较困难，通常采取近似的方法估算。互信息是对相关性的自然测量，考虑变量的整体相关性结构，总是非负的，当且仅当统计独立时才为零。

（2）非负稀疏编码模型。Hoyer 在 Olshausen 和 Field 提出的标准稀疏编码模型的基础上，提出一种非负稀疏编码（NNSC）[11]。NNSC 模型考虑人眼以不同的通道（ON‑channel 和 OFF‑channel）接收非负数据，符合人眼的生理特性和主视皮层 V1 区简单细胞神经元的电生理特性。

Hoyer 认为，Olshausen 和 Field 提出的标准稀疏编码模型作为一个 V1 区简单细胞神经元行为的模型主要存在两个问题：一个问题是模型［见式（6.1）］中的每个单元 s_i 可以是正向、反向两种激活方式（除趋近于零之外），每个特征都有助于表示反极性的激励，这与 V1 区简单细胞神经元行为形成明显对比，因为 V1 区神经元的背景发放率往往很低，但是发放率不能变为负的，因此只能表示出特征向量 s_i 的输出分布的一半；另一个问题是模型中的输入数据是双边的，而 V1 区以 ON、OFF 两个通道的方式接收来自侧膝体（LGN）的视觉数据，为研究 V1 区如何记录输入信号，考虑分离 ON、OFF 两个通道的输入信号。因此，为了将 V1 区相对抽象的图像稀疏编码模型转变成对 LGN 输入的简单细胞记录模型，Hoyer 把输入数据划分为对自然图像以 ON、OFF 通道两种方式响应的信号；系数 s_i 限定为非负值，特征向量 a_i 同样为非负值，否则将导致观测数据 X 也为负值。

在标准模型中，非负的约束使得 A 和 S 的元素为零或者是正数。对于非负数据矩阵 X（即，$\forall i, j : x_{ij} \geqslant 0$）的非负稀疏编码模型，其最小化目标函数为

$$C(A, S) = \frac{1}{2} \parallel X - AS \parallel^2 + \lambda \sum_{ij} f(s_{ij})$$

其中，$\forall_{ij} : a_{ij} \geqslant 0$，$s_{ij} \geqslant 0$，且 $\forall i$，$\parallel a_{ij} \parallel = 1$。这里 a_i 表示 A 的第 i 列，s_{ij} 表示稀疏矩阵 S 的第 i 行第 j 列元素。参数 $\lambda \geqslant 0$ 用于权衡稀疏性和图像重构精确性之间的关系。如何度量 S 的稀疏性取决于罚函数 f 的具体形式，Hoyer 选取 $f(x) = |x| = x(x \geqslant 0)$，即 f 是一个绝对值严格增函数。第一项是图像的

重构误差，第二项体现稀疏性。

对于满足上述约束条件，且最小化目标函数的有效算法是[12]：

1) 初始化 A^0 和 S^0 为适当维数的随机正数矩阵，同时把 A^0 中的每一列化为单位范数，设置 $t=0$；

2) 循环迭代，直至收敛：

a. $A' = A^t - \mu(A^t S^t - X)(S^t)^T$；

b. 把 A' 中的任何负数置 0；

c. 把 A' 中的每一列化为单位范数，然后设置 $A^{t+1} = A'$；

d. $S^{t+1} = S^t \times [(A^{t+1})^T X]/(A^{t+1})S^t + \lambda$；

e. 增加 t。

由于上述模型容易受到噪声影响，尚丽等人[14]考虑视觉系统对外界感知信息的自适应调整机制和视皮层之间的反馈连接，提出一种基于文件 PCA 和 V1 区简单细胞感受野先验知识的反馈非负稀疏编码模型，并且使用共轭梯度下降实现目标函数的最小化。

(3) 基于峭度稀疏性测度的稀疏编码模型。一个好的编码模型不仅要最大程度地去除稀疏系数中的统计相关性，而且由稀疏编码基线性表示出来的图像应该尽可能地保留原始图像的信息，使得重建误差最小。上述编码方法并不减少输入数据的维数，而是使对输入信息产生响应的神经细胞数目减少，信号的稀疏编码存在于细胞响应分布的四阶矩中。

尚丽[14]对主视皮层 V1 区简单细胞感受野的稀疏编码算法做了一些改进，同样采用峭度的绝对值作为稀疏性度量标准，在目标函数中加入稀疏性惩罚项和图像重构误差约束，避免出现仅满足稀疏性要求而使图像重构误差变得很大的情况。在目标函数中加入一个固定系数的方差项，即

$$J(\boldsymbol{A}, \boldsymbol{S}) = \frac{1}{2} \sum_{x,y} \Big[\boldsymbol{X}(x,y) - \sum_i a_i(x,y)s_i \Big]^2$$
$$- \frac{\lambda_1}{4} \sum_i |kurt(s_i)| + \lambda_2 \sum_i \Big[\ln\Big(\frac{\langle s_i^2 \rangle}{\sigma_i^2}\Big) \Big]^2$$

其中，沿用前面定义符号及其含义，λ_1 和 λ_2 均为正的常数；σ_i^2 是预先选定的随机系数方差的尺度常数，它通常根据待处理图像的方差来确定。目标函数的第一项为图像的重构误差项，也是信息保持项，图像重构误差越小，表明图像的信息表示能力越强。目标函数的第二项为系数惩罚项，由峭度的绝对值作为稀疏性度量准则。由峭度的绝对值作为稀疏性度量准则。其中 $kurt(s_i)$，表示随机变量 s_i 的峭度。峭度是反映随机变量分布特性的数值统计量，利用峭度的绝

对值衡量随机变量的非高斯特性。由于大部分自然图像具有稀疏性统计特性，由于大部分自然图像具有稀疏性统计特性，服从超高斯分布。对于超高斯性信号，峭度为正，最大化峭度即为最大化非高斯性，也就是最大化稀疏性。目标函数的最后一项是固定系数方差项，具体化标准稀疏编码模型中的第二项，目的在于控制重构误差。算法中给出基函数和系数的学习规则。采用固定稀疏方差信息的方法保证图像重构误差和稀疏性之间的均衡，能更好地表示自然图像的结构和内容。

（4）任务驱动稀疏编码模型。Hoyer 和 Hyvarinen 在自底向上的多层感知网络结构中利用自顶向下的反馈控制对轮廓进行稀疏编码[15]，将线性误差最小化稀疏编码扩展到复杂细胞输出模型。在 Hoyer 等人的模型中，只有一个权重矩阵需要学习，这通过简单的计算即可获得，便于进行大量的数据实验。而且，通过简化模型底层结构的方式，使得上层复杂细胞的相互作用更清晰。整个任务驱动的稀疏编码模型可以包括两个部分：一是复杂细胞的响应模型；二是把复杂细胞的输出作为输入的稀疏编码模型。首先用一个经典的复杂细胞能量模型，把复杂细胞的响应作为输入矩阵 X，估计线性模型（6.1）中的稀疏且非负系数 s_i，以无监督的学习方式由自然图像学习轮廓编码，以及用模型中自顶向下的推理来解释轮廓的合成。复杂细胞对输入自然图像的响应是两个正交Gabor过滤器的平方和，即

$$C_{\{x_c,y_c,\theta\}} = \Big[\sum_{x,y}G_{\{e,x_c,y_c,\theta\}}(x,y)I(x,y)\Big]^2 + \Big[\sum_{x,y}G_{\{o,x_c,y_c,\theta\}}(x,y)I(x,y)\Big]^2$$

其中，$I(x,\ y)$ 是输入图像，$G_{\{e,x_c,y_c,\theta\}}$、$G_{\{o,x_c,y_c,\theta\}}$ 分别是偶对称、奇对称 Gabor 滤波器，以 $(x_c,\ y_c)$ 为中心，且朝向角是 θ，图像块 $I(x,\ y)$ 大小为 6×6。为便于计算和理解，计算在一个确定位置的 6×6 方块的四个不同方向的复杂细胞输出。

估计下列表示模型的参数，训练得到复杂细胞响应的线性的稀疏编码模型。

$$X(x,y) = \sum_i^N a_i(x,y)s_i + n \tag{6.3}$$

其中，每个 x_i 表示神经元的发放速率，X 代表一个复杂细胞的激活模式，每个 s_i 表示一个高级神经元的响应，其感受野与对应的权重矩阵 A 的列 a_i 密切相关，式（6.3）表明，典型的输入模式 X 可以用基模式 a_i 和几个显著激活的高级神经元准确描述出来，即复杂细胞响应的稀疏编码。

通过最小化下式来估计上述模型

$$C(A,s^{(n)},n=1,2,\cdots,N) = \sum_n \Big[\parallel x^{(n)} - As^{(n)}\parallel^2 + \lambda\sum_i s_i^{(n)}\Big]$$

除前面涉及的相关符号以外，$x^{(n)}$ 表示 X 的第 n 列数据向量，$s^{(n)}$ 表示稀疏线性表示的系数向量，常数 λ 用来综合权衡模型误差和稀疏性二者之间的关系。

此外，Li 等人提出结合注意选择机制和双层反馈神经网络的视觉稀疏编码模型[16]。Li 等人提出的面向知觉任务的稀疏编码模型，有利于高层知觉任务的完成。在 Li 等人提出的带反馈机制的双层稀疏编码模型中，神经细胞的响应除受稀疏编码准则的影响，即保持神经细胞响应的统计独立性，同时它还受到反馈信号的调节，使得神经细胞的编码能更加适应于高层的知觉任务。Li 等人提出的基于注意选择的稀疏编码模型（AGSC）能进一步提高编码模型的稀疏性，减少对神经系统资源的需求；同时，它能过滤输入刺激中的次要信息，而保留输入刺激中的主要信息。AGSC 模型在以下两方面做出一定的贡献：AGSC 是一个数据驱动的基于注意机制的稀疏编码模型，稀疏编码框架中有机集成串行的两个注意选择模块：非均匀采样模块和基于响应显著值的选择模块；AGSC 模型是一种能主动适应神经系统受限的有效方法，提高了神经编码的效率。

（5）正则图稀疏编码模型。国内学者 Miao Zheng 等人[17]提出一种正则图稀疏编码模型（GraphSC）。假定图像矩阵 X 的 n 维列向量，建立一个有 m 个顶点的最邻近图 G，每个顶点表示一个数据向量。设 W 是 G 的权重矩阵，如果 x_i 在 x_j 的 $K-$邻域，或 x_j 在 x_i 的 $K-$邻域，则 $w_{ij}=1$，否则，$w_{ij}=0$。定义顶点 x_i 的权重

$$d_i = \sum_{j=1}^{m} w_{ij}, \quad D=diag(d_1, \cdots, d_m)$$

把正则图 G 映射到稀疏表示系数 s，最小化函数为

$$Tr(SLS^T) = \frac{1}{2} \sum_{i=1}^{m} \sum_{j=1}^{m} (s_i - s_j)^2 w_{ij}$$

$L=D-W$ 是拉普拉斯矩阵。那么，可以把稀疏编码模型的目标函数确定为

$$\min_{A,s} \| X-AS \|^2 + \alpha Tr(SLS^T) + \beta \sum_{i=1}^{m} \| s_i \|_1, s.t. \| a_i \|^2 \leqslant c, i=1,2,\cdots,k$$

其中，参数 $\alpha \geqslant 0$。函数中，第二项是保持正则图 G 到系数 s 的合理性，第三项是系数 s 的稀疏性，衡量非零系数（或权重较大）的数量。把优化目标函数分为两步：①固定基向量矩阵 A 时学习稀疏编码 s；②固定系数矩阵 s 时学习基向量矩阵 A。

3. Gabor 小波基函数模型

在线性稀疏编码模型中，视网膜细胞响应由自然图像及误差的线性表示而

得。还有一类稀疏编码模型，视网膜细胞响应由 Gabor 小波过滤器得到，这类模型被称为 Gabor 小波基函数的稀疏编码。

（1）Gabor 小波基函数的稀疏编码。J. P. Jones 和 L. A. Plamer[18] 用二维 Gabor 滤波器估计出最小均方误差意义下的简单细胞的响应特性，证明经过对二维 Gabor 函数平移、旋转得到的小波基函数同样也具有 V1 区神经元感受野的结构，不同于随机选择的初始基函数，可快速找到最佳基函数。J. P. Jones 等人在实验中，证明猫的带状皮层简单细胞感受野可用二维 Gabor 滤波器线性表示，包括横向的周期性、纵向的可加性、空间频率的调整以及方向的调整，成为简单细胞感受野属性的一种通用表达机制。二维 Gabor 滤波器模型是简单细胞感受野结构的二维空间表达，可写成一个椭圆高斯函数和一个正弦平面波形的乘积，即

$$g(x,y) = K \times \exp\left[-\frac{1}{2}\left(\frac{x_g^2}{a^2}+\frac{y_g^2}{b^2}\right)\right] \times \cos\left[-2\pi(U_0 x + V_0 y) - P\right] \qquad (6.4)$$

其中，K 是尺度因子，它使得 Gabor 滤波器可以有不同的幅度变化；a 和 b 是衰减参数，那么 a^2 和 b^2 就是长短轴方向的方差；x 和 y 是图像坐标，x_g 和 y_g 是高斯旋转后的坐标；P 是调制项的相对空间相位角；U_0 和 V_0 是调制项。式（6.4）也可以用极坐标系坐标来表示为

$$F_0 = (U_0^2 + V_0^2)^{1/2}, \theta_0 = \arctan(V_0/U_0)$$

其中，F_0 和 θ_0 分别表示调制的空间频率和朝向。二维 Gabor 滤波器模型的稀疏编码算法可参照 Caceci 和 Cacheris 的方法[19]，其优点是不需要求导数，并确保不会发散，但应确定一个终止标准，同时为避免陷入局部误差陷阱，需要采取不同的初始化策略，进行多次计算。

（2）Gabor 小波基扩展。

1）Gabor 小波基稀疏编码的改进。Gabor 小波基函数是一组空间函数，它们可能有重叠或是自相似的，即可以是完备的或超完备的。对于稀疏或独立成分构成的线性组合图像，对基函数的要求使得对图像的稀疏编码的长度最小化。当小波基函数被用于自然图像的编码时，呈现不同的朝向，并均匀地拼合成一个朝向区域。如果基函数集合是超完备的，可以得到更高的稀疏编码效率。从图像编码的角度看，传统的线性稀疏编码中，它只能应用于从一幅较大的图像中提取的子图像（如 12×12 像素），如果用这种方法对一幅图像进行编码，那么应对图像进行模块化，编码结果则是量化或稀疏系数的模块化，而且无法获取整幅图像的空间结构，计算的复杂度也成比例增加。

针对上述问题，Olshausen 等人[20] 提出金字塔形稀疏编码基的求解算法，

该算法可提高编码效率。假定基函数具有平移、尺度不变性，即如果一个基函数是在某个位置和某尺度下学习得到的，那么它也是在所有其他位置和尺度下的基函数。因此，一整幅图像的全部基函数可仅由少量的小波滤波器和不同尺度的基函数扩展得到，得到尽可能统计独立的稀疏编码系数。

用 $\psi_i(x, y)$，$i=1, \cdots, M$ 表示小波基函数，尺度函数 $\phi(x, y)$，一幅图像由相应的 i、$\psi_i(x, y)$、$\phi(x, y)$ 通过升采样和系数卷积生成。L 级金字塔小波基图像模型可表示为

$$I(x,y) = g(x,y,0) + \nu(x,y), g(x,y,l) = \begin{cases} a^{L-1}(x,y), l = L-1 \\ I^l(x,y), l < L-1 \end{cases}$$

$$I^l(x,y) = [g(x,y,l+1) \uparrow 2] * \phi(x,y) + \sum_{i=1}^{M} [a_i^l(x,y) \uparrow 2] * \psi_i(x,y)$$

其中，系数 $a_i^l(x, y)$ 表示位置 (x, y)，对应基函数序号 i，l 层（$l=0$ 表示金字塔中的最高层）。这里"$*$"表示系数卷积，"$\uparrow 2$"则表示 2 倍升采样，"$\downarrow 2$"表示 1/2 降采样。

对于 ψ_i 和 ϕ 的学习规则如下

$$\Delta \psi_i(m,n) = F_\psi[e(x,y),m,n,0]$$

$$F_\psi(f,m,n,l) = \sum_{x,y} f(2x+m,2y+n)a_i^l(x,y) \\ + F_\psi([f * \phi] \downarrow 2, m, n, l+1)$$

$$\Delta_\iota(m,n) = F_\phi(e(x,y),m,n,0)$$

$$F_\phi(f,m,n,l) = \sum_{x,y} f(2x+m,2y+n)g(x,y,l+1) \\ + F_\phi([f * \phi] \downarrow 2, m, n, l+1)$$

在金字塔形稀疏编码基的求解算法中，利用少量的小波滤波器和不同尺度的基函数扩展得到一整幅图像的全部基函数，其中小波基函数收敛于一个定向函数，尺度函数则收敛于一个循环对称的低通滤波器。该算法在一定程度上提高编码效率，但是编码图像重构的精度受到影响。

2）超完备基稀疏编码。把自然图像记为 $I = (I_1, I_2, \cdots, I_n)^T$，则图像可以表示为加上噪声的线性叠加基[5]

$$I(b) = \left[\sum s(c)a(b,c) \right] + \varepsilon$$

其中，$I(b) = \{I_{ij}\}$ 是刺激图像的向量表示，I_{ij} 是一幅图像中的像素，i、$j(i=0,1,2,\cdots,N_2, j = 0,1,2,\cdots,M_2)$ 是指 LGN 层空间坐标变量，则 LGN 上神经元的数量为 $(N_2 \times M_2)$；$s(c) = \{s_{kl}\}$ 是简单细胞编码的向量表示，s_{kl} 是位

于某个空间坐标上的编码值,k、$l(k=0,1,2,\cdots,N_1,l=0,1,2,\cdots,M_1)$ 是指视皮层空间坐标变量,简单细胞的数量是 $(N_1 \times M_1)$。$a(b,c)=\{a_{ijkl}\}$ 是简单细胞感受野的空间结构,a_{ijkl} 是简单细胞和 LGN 细胞之间的阶连接矩阵。Hubel 等人[21]的生理实验表明,在 LGN 内的神经元数量约为 100,在视皮层 V1 区约有 5000,视皮层 V1 区的细胞数量远大于 LGN 上的细胞数,响应空间的维数大于 LGN 刺激输入空间的维数,即 $(N_1 \times M_1) \gg (N_2 \times M_2)$。因此,视皮层 V1 区对来自 LGN 细胞刺激的响应存在超定性,可用超定基线性表示。但是,为避免复杂的运算,目前常用的稀疏编码模型都假设编码空间维数和输入空间维数相等,即为一种完备基编码模型 $[(N_1 \times M_1)=(N_2 \times M_2)]$[13]。从这个意义上来说,上述各种稀疏编码模型都属于完备的稀疏编码基模型。

我国杨谦等人[22]提出一种超完备基稀疏编码模型算法。通过把二维 Gabor 函数作为感受野的一种母函数进行平移、伸展等变化,构成小波基来描述不同的感受野,即

$$G(i,j)=d \cdot \cos(2\pi\omega\gamma) \cdot e^{-\gamma^2/\sigma^2}, \quad \gamma=\sqrt{(i-c \cdot k)^2+(j-c \cdot l)^2}$$

构造一系列子波,为

$$\phi_{ijkl}=G(x',y')$$

其中 $x'=(i-I_h)\cos\theta+(j-l_v)\sin\theta, y'=-(i-I_h)\sin\theta+(j-l_v)\cos\theta$

以模拟这些不同的感受野,作为网络进行稀疏编码的初始权重。这里 d 为比例常数,ω 为感受野的空间频率,σ^2 为感受野空间方差,c 为超完备表达的倍数大小,γ 为皮层和 LGN 层之间细胞坐标的径向距离,x'、y' 为子波表达的转换变量,I_h、l_v 为空间展开中心的平行移动距离,θ 为旋转角。定义网络的能力函数为

$$E(I,a_{kl}\,|\,\phi_{ijkl})=\parallel \gamma_{ij} \parallel_{L_2}^2+\lambda\sum_{k,l}S(a_{kl})$$

式中:γ_{ij} 表示自组织动态匹配过程中的残差图像 $\gamma_{ij}=I_{ij}-\sum_{k,l}a_{kl}\phi_{ijkl}$;$\lambda\sum_{k,l}S(a_{kl})$ 表示简单细胞的自抑制作用;λ 为自抑制作用强度系数;$S(a_{kl})$ 为简单细胞的自抑制函数。

由此得到 t 时刻简单细胞进行稀疏编码时的基函数阵列 ϕ_{ijkl} 以及此时的稀疏编码表达 a_{kl},即

$$\phi_{ijkl}(t+1)=\phi_{ijkl}(t)+\eta\langle a_{kl}\gamma_{ij}\rangle,$$

$$a_{kl}(t+1)=a_{kl}(t)+\sum_{ij}(\phi_{ijkl}\gamma_{ij})-\lambda S'(a_{kl})$$

其中，η 是 Hebbian 学习速率，表明一个在刺激图像和神经图像之间动态连接匹配的自组织过程。

此外，Olshausen 等人[23]把数学上的超完备基引入到稀疏编码中。当引入超完备基的编码空间时，对输入图像的表示可能不唯一。因此，给定一幅特定的自然图像，可能由基函数集合中的某几个基函数稀疏表示得到，也可能由超完备基函数集合中的另几个基函数稀疏表示而成。超完备基的引入使得编码空间带来更大的灵活性，同时也增强抗噪声性能，但是仅局限于从图像中提取的独立的线性结构模型。事实上，真实的自然图像会位移、旋转、改变大小；而且仅对初级视觉系统进行模拟，没有进行多层次建模。Olshausen 把超完备基应用于自然图像序列编码[24]，比静止自然图像的稀疏编码模型计算复杂性更高，训练时间更长。

4. 神经网络模型

除了上述线性模型及 Gabor 基函数模型之外，还有利用神经网络模拟视觉神经系统的稀疏编码模型，即神经网络稀疏编码。主要包括自适应的神经网络编码模型和误差最小化神经网络模型两种具体的神经网络模型。

（1）自适应的神经网络编码模型。Cornelius 和 Jochen[25]建立具有适应性的稀疏编码模型，采用醒睡算法（Wake‐Sleep Algorithm）进行局部学习自下而上和自上而下双向权重，其稀疏性则通过隐性神经元的转移函数的通过调节参数调节来实现。该模型把视觉系统分为三层，即输入神经元（Input Neurons）、静输入神经元（Net Neurons）和隐性输出神经元（Hidden Neurons）。自下而上输入神经元到静输入神经元之间联结权重为 w^{bu}，静输入神经元到隐性输出神经元之间转换函数设为 $z=g_{a,b}(y)$，依赖于参数 a 和 b；表现为稀疏性的先验指数密度函数设为关于 z 的函数 $f_z(z)$，并以其均值 u 为参数。由隐性输出神经元到输入神经元的自上而下重建权重是 w^{td}。

对于静输入单元 i 和输入单元 j，有

$$y_i = \sum_j w_{ij}^{bu} x_j$$

下列转移函数将静输入神经元传递给神经元输出 z_i，则

$$z_i = g_{a,b}(y_i) = \frac{1}{1+\exp[-(a_i y_i + b_i)]}$$

假定输入信息分布及权重 w^{bu}，转移函数参数调节到使得神经元输出 z_i 呈近似指数分布，指数函数

$$f_{\exp}(z) = \frac{1}{\mu} e^{-\frac{z_i}{\mu}}$$

采用醒睡算法在两个阶段分别为学习生成和识别权重。先在睡醒阶段根据数据学习生成权重矩阵 $\boldsymbol{W}^{td}$，从隐性编码 $\vec{z}$ 可得到重建误差为

$$\hat{x} = \vec{x} - \boldsymbol{W}^{td}\vec{z}$$

调节 w^{td} 使上述重建误差最小化。利用一个基于误差的类似赫布学习规则，η_w^{td} 是学习速率为

$$\Delta w_{ji}^{td} = \eta_w^{td}\hat{x}_j z_i$$

同样，在睡眠阶段，根据隐性输出神经元的编码训练识别权重 w^{bu}，这里隐性输出神经元编码的重建误差为

$$\hat{z} = \hat{z} - g_{a,b}(w^{bu}\hat{x})$$

利用一个基于误差的类似赫布学习规则，η_w^{bu} 是学习速率，则

$$\Delta \boldsymbol{W}_{ij}^{bu} = \eta_w^{bu}\hat{z}_i\hat{x}_j$$

调节 $\boldsymbol{W}^{bu}$ 使上述重建误差最小化。

这种隐性的内在稀疏表示的调节机制适用于时间尺度快速变化的情形，对于参数 a 来说，可以满足变化速度在数十秒的量级，这能够解释视觉神经的倾斜后效现象。参数 b 的变化范围较小，用它可以解释倾斜后效宽于指数分布的原因。

（2）误差最小化神经网络模型。Ewaldo 等人[26]提出一个无监督的神经网模型，把相邻输出神经元之间相互抑制和激励作为局部误差，通过最小化这种局部误差训练编码模型。该模型只用到空间关系的二阶统计特性，模型分为三层，分别为输入层 x_i，中间层 u_i、y_i 和输出层 ξ_i。原始信号 $\boldsymbol{x} = [x_1, x_2, \cdots, x_n]^{\mathrm{T}}$，输入轴突信号 x_j，其与输出神经元 u_k 连接权重为 w_{kj}，则

$$u_k = \sum_{j=1}^n w_{kj} x_j$$

为符合有效响应的要求，对 u_k 执行变换处理，即 $y_k = u_k^2$。

由于中间层信号 y_k 受其周围神经元影响，定义 y_k 周围信号能量为

$$v_k = \sum_{i \neq k} y_i$$

v_k 与 y_k 分别是抑制和激励作用，定义误差信号

$$\xi_k = y_k - v_k$$

定义误差函数

$$J_k = E[\xi_k^2]$$

将 ξ_i 代入得

$$J_k = E[(y_k - v_k)^2] = E[y_k^2] - 2E[y_k v_k] + E[v_k^2]$$

于是有

$$\frac{\partial J_k}{\partial w_k} = 4E[x(u_k y_k)] - 4E[x(u_k v_k)]$$

当 $\| w_k \|^2 = 1$ 时，利用拉格朗日乘数（Lagrange Multipliers）解上述方程得

$$\beta w_k = \frac{\partial J_k}{\partial w_k}$$

因此，得到下面两步算法

$$w_k = E[x(u_k y_k)] - E[x(u_k v_k)]$$

$$w_k \leftarrow \frac{w_k}{\| w_k \|}$$

上述过程可用来不断调整权重矩阵 w，它是视觉系统处理模型 $X = AS$ 中矩阵 A 的逆矩阵估计。该模型形成对自然图像的稀疏编码表示，且不需要调整边缘抑制单元的权重，与其他模型相比，该模型具有很强的提取基函数的能力，但是迭代次数较多。这是由于该模型采用二阶统计量作为误差函数。

6.2.2 统计分析模型

统计分析模型的方法是建立在数字信息处理和概率统计的基础上，类似于传统的图像特征提取方法（如 PCA 方法），与人类视觉系统强大而复杂的信息处理能力相差较远。统计分析模型主要有独立元分析方法、通用字典统计方法以及非负矩阵分解算法等。这些方法利用信息的高维数特征，而传统的特征提取方法通常利用信息的低维数特征。

1. 独立元分析模型

独立成分分析最初是用来解决"鸡尾酒会"问题，由于主成分分析（PCA）和奇异值分解是基于信号二阶统计特性的分析方法，其目的用于去除图像各分量之间的相关性。PCA 提取的主分量只由数据的二阶统计量（自相关矩阵）确定，这种二阶统计量只能完全描述平稳的高斯分布的数据。当输入随机变量服从高斯分布时，各主分量不相关，且相互独立，而对于非高斯分布的随机变量，PCA 方法往往会失败。对于非高斯信号源，经过旋转、缩放、再旋转，类似于奇异值分解的过程，才能提取出独立分量。而仅根据二阶统计量是不能得到独立分量的[5]。于是，提出基于高阶统计量的独立分量分析方法来解决这个问题。

独立元分析是典型的稀疏编码统计分析方法。在模拟视觉系统的稀疏编码模型矩阵形式 $X = AS + N$ 中，如果不考虑高斯白噪声 N，则成为独立元分析的标准数学模型为 $X = AS$，其中，X 是 n 维观测数据，S 是 m 维未知的自然图像

或原信号（即独立分量），A 是未知的 $n \times m$ 混合矩阵[5]。ICA 模型的条件是假定自然图像 S 中的各分量独立，ICA 方法的这个使用条件比较强，使其应用范围受到限制。只要当自然图像数据服从超高斯分布时，ICA 方法是有效的。而大量研究表明，大多数自然图像数据服从超高斯分布的，矩阵 A 可以作为对自然图像稀疏表示的特征基函数的近似，ICA 算法和稀疏编码以减少冗余的目标方面是一致的。因此，ICA 算法得到的特征基函数可作为模拟视觉系统对自然图像的稀疏编码基函数[27]。

Bell 和 Sejnowski[28] 提出 ICA 的梯度下降算法，使得输入和输出之间的互信息量最大。如果限制 A 为一个可逆矩阵，标准数学模型 $X = AS$ 可以表示为 $S = WX$，其中 W 为 A 的逆矩阵，那么 ICA 的求解过程归结为一个最优化的过程：寻找使得 $S = WX$ 的负熵 $J(S)$ 最大的转换矩阵 W，这个过程使用梯度算法实现，即

$$W_{n+1} = W_n + \eta \frac{\partial J(W_n X)}{\partial W_n}, \quad W_{n+1} = \frac{W_{n+1}}{\|W_{n+1}\|}$$

式中对转换矩阵 W 进行归一化，X 为经过预处理（统一中心、白化）之后的训练样本，W_{n+1}、W_n 分别是在 n 和 $n+1$ 时刻得到的转换矩阵，η 为学习速率。Hyvarinen[29] 给出负熵的一种估计为：$J(y) = \{E[G(y)] - E[G(v)]\}^2$，其中 v 是均值为 0、方差为 1 的满足高斯分布的变量；G 是非二次函数，可以为

$$G_1(u) = \frac{1}{a_1} \log(\cosh a_1 u), \quad G_2(u) = -\exp\left(-\frac{u^2}{2}\right) (a_1 为常数, 1 \leqslant a_1 \leqslant 2)$$

Lewicki 等人[30] 采用基于高阶统计量的 ICA 方法分析自然图像的高阶统计特性，提出一种无监督学习算法，经过自然图像的训练，获取局部的线性单层检测器，得到与视觉感知系统初级视皮层简单细胞类似的特性。

Hyvarinen 等人[31] 将独立特征子空间和多维独立分量分析的方法结合在一起，提出独立子空间分析（Independent Subspace Analysis，ISA）方法。ISA 方法的主要思想在于将 ICA 方法中要求各个分量之间相互独立的条件放松，将各个分量分成若干个组，每个组之间的分量是相互独立，而组内的分量可以不独立。ISA 方法应用于提取自然图像的不变特性，取得很好的结果。

Hyvarinen 等人[32] 在 ICA 的基础上又加以改进，提出拓扑独立元分析（Topographic Independent Component Analysis，TICA）方法。TICA 允许在一个小的领域内各个分量之间有相关性，这里的相关性用分量的能量定义。采用 TICA 方法获取的自然图像的基函数的性质类似于拓扑图的形式展示出来，与复杂细胞的特性非常相似。

Hyvarinen 和 Oja 等人[33]围绕多维独立分量分析模型和不变特征子空间展开深入研究。由于线性 ICA 模型对视觉神经网络的过分简化，其编码模型受噪声影响大。非线性的模型，如超完备基模型，则由于其计算复杂性高，难以达到实时。针对这些问题，基于对图像的有效编码使其在计算效率和恢复性能上都接近人的视觉系统的出发点，邹琪等利用 ICA 在计算效率上的高效性和双向神经网络在图像重建性能上的精度改进对自然图像的稀疏编码[34]。

ICA 是一种基于信息论的无监督学习方法，可通过引入互信息构造目标函数并使之最小化的优化计算过程实现的。其意义在于从信息论和统计学习的角度揭示感受野编码的机理。不过目前还没有人证明生物神经元通过计算梯度下降来进行编码和学习，这一原理是否能够解释、反映或超过生物视觉编码的自然发育和学习机制，还有待进一步研究。

2. 通用字典统计方法

Donoho 等人提出的经过 l^1 范数最小化的通用字典的最佳稀疏表示方法[35]。该方法的困难在于如何选择恰当的"字典"，以获得最大的稀疏性。

假定 D 是一个通用字典集，$D = \{g_i, i = 1, 2, \cdots, m\}$，$R^n = span(D)$，即 R^N 为 D 生成的 Hilbert 空间，$m \gg n$，D 中的元素由于不再满足正交性称为原子，并且原子都作归一化处理；对于任意像素矩阵 $S \in R^n$，在 D 中选取 $k(k \ll n)$ 个原子对信号 f 进行 K 项逼近，即

$$f_K = \sum_{i \in I_k, |I_k| = k} <f, g_i> g_i$$

其中，I_k 是 g_i 的下标集合。可以通过对凸问题的优化提出高度稀疏的解决方案，从而获得几个有趣的字典，考虑最优化问题：

最小化 $\|c\|.1$，满足 $f = \sum_{i=1}^{K} c_i g_i$，其中 $\|c\|.1$ 是序列 $C_i(i = 1, 2, \cdots, k)$ 中非零项的个数。从稀疏逼近的角度出发希望在满足上式的前提下，从各种可能的组合中，挑选出分解系数最为稀疏的一组原子。上述寻找最为稀疏的原子的计算量十分巨大，人们还提出许多算法，如匹配追踪算法、基追踪算法、框架方法，以及最佳正交基（BOB）算法等。

3. 通用矩阵分解算法

1999 年 Lee 和 Seung 在 Nature 上提出有关非负矩阵分解算法（NMF）[36]，用以提取图像中有意义的部分特征。该算法是在矩阵中所有元素均为非负的条件下对其实现非负分解，由于非负性约束使得分解的基向量和组合系数中的大量元素为零或接近于零，因此这种表示方法被认为稀疏编码统计算法。

对于自然图像矩阵 $\boldsymbol{D}$，它的每一列是由一幅自然图像的像素值组成，自然图像的像素数为 n，有 m 个自然图像时，$\boldsymbol{D} \in \boldsymbol{R}^{n \times m}$。$\boldsymbol{D}$ 是非负矩阵，那么可进行矩阵分解

$$\boldsymbol{D} \approx \boldsymbol{WH}$$

其中，$\boldsymbol{W} \in \boldsymbol{R}^{n \times r}$，$\boldsymbol{H} \in \boldsymbol{R}^{r \times m}$；各矩阵的元素 $d_{i,j}, w_{i,u}, h_{u,j} \geqslant 0$，$0 \leqslant i < n-1$，$0 \leqslant j < m-1$，$0 \leqslant u < r-1$，通常 $r < nm/(n+m)$。根据下列迭代关系式，进行循环迭代

$$H_{q\mu} \leftarrow H_{q\mu} \frac{(W^{\mathrm{T}} D)_{q\mu}}{(W^{\mathrm{T}} HH)_{q\mu}} \qquad H_{q\mu} \leftarrow H_{q\mu} \frac{(W^{\mathrm{T}} D)_{q\mu}}{(W^{\mathrm{T}} HH)_{q\mu}}$$

迭代开始前，$\boldsymbol{D}$ 进行归一化，使得所有像素值在 [0，1] 内，$\boldsymbol{W}$、$\boldsymbol{H}$ 的初始值为 [0，1] 内的随机数。

非负矩阵的分解结果中，$\boldsymbol{W}$ 是基矩阵，它表示图像的局部特征，$\boldsymbol{H}$ 是编码矩阵，在运用基图像和编码进行图像重构时，$\boldsymbol{H}$ 中的大多数元素为零。该计算模型的缺点在于 $\boldsymbol{D}$ 的约束条件，即为非负矩阵。非负矩阵分解计算方法的收敛速度慢。

4. 特殊特征的稀疏编码

Huang 等人[37] 从统计学角度，研究信号的稀疏统计学习模型在某些特征前提下，具有更好的信号重构性能，并给出理论证明。在下列线性表达式中，y 是由基向量矩阵 $\boldsymbol{X}$ 的稀疏线性表示的向量，$\bar{\beta}$ 是稀疏系数，ε 是噪声，假定基向量矩阵 $\boldsymbol{X}$ 是固定的。

$$y = \boldsymbol{X}\bar{\beta} + \varepsilon = \sum_{j=1}^{d} \bar{\beta}_j x_j + \varepsilon$$

定义有关向量 $\bar{\beta}$ 的一个集合为

$$\mathrm{supp}(\beta) = \{j : \beta_j \neq 0\} \quad \text{且} \ \|\beta\|_0 = |\mathrm{supp}(\beta)|$$

对于统计学习中的稀疏表示方法 L0 规则化为

$$\hat{\beta}_{\mathrm{L0}} = \arg\min_{\beta \in R^p} \|\boldsymbol{X}\beta - y\|_2^2$$

满足 $\|\beta\|_0 \leqslant k$，k 是稀疏性的表示。因为上述优化问题通常是 NP 难问题，事实上，人们通常考虑 L1 规则化问题，即放宽 L0 规则化

$$\hat{\beta}_{\mathrm{L1}} = \arg\min_{\beta \in R^p} \left[\frac{1}{n} \|\boldsymbol{X}\beta - y\|_2^2 + \lambda \|\beta\|_1 \right]$$

在统计领域，可以用拉索（Lasso）算法对上述稀疏统计学习问题进行求解。Huang 等人发现，在实际应用中，具有一定特征的同组数据的 $\bar{\beta}$ 变量往往同时为零或同时非零。对于具有强组稀疏特性（Strong Group Sparsity）的数

据，组拉索（Group Lasso）算法与标准拉索（Standard Lasso）相比，具有更好的重构特性，即重构误差明显变小。Zhang 等人[38] 运用这种组稀疏特性（Keyword Similarity），对图像进行自动标注。实验证明这种基于组稀疏特性的图像标注方法，具有更高的准确性和稳定性。同样地，Huang 等人[39] 还证实，对于具有结构稀疏特性（Structured Sparsity）的数据进行稀疏统计学习，重构误差小得多，具有性能改进显著。

除上述两大类稀疏编码模型以外，还有二者相结合的稀疏编码模型。Hyvarinen 和 Hoyer 通过双层神经网络利用独立元分析进行基元求取和模拟[40]。扩展自然图像 ICA 及单层稀疏编码方法为双层。由于 ICA 方法并没有消除相关性，以相关性来测定简单细胞之间关系模型，且仅用简单细胞之间的相邻关系作为复杂细胞的输入，最大化复杂细胞输出的稀疏性。与其他模型相比，显示出视皮层 V1 区柱状体组织之间存在清晰的连接关系，支持视觉系统的结构受到外界影响的假设，表达出相邻细胞的同步刺激，以及复杂细胞响应的拓扑结构。

6.3　模型分析和比较

模拟视觉系统特征的稀疏编码模型是一种启发式的学习方法，其特点是缺乏通用性，且多为线性模型，未考虑非线性部分，或者只含有非线性部分，估计模型准确性不够。对于主视皮层 V1 区简单细胞感受野模型，其特点是不减少输入数据的维数，而是使对任一特殊输入信息响应的神经细胞数目减少。模型的收敛速度慢，不能同时保证系数分量的稀疏性和独立性。Gabor 小波基函数模型可以更快地找到最佳基函数，但对图像数据的类型具有依赖性。在超完备基编码模型中，基函数大于输入自然图像块的维数，对输入图像的编码灵活，增强抗噪声性能，但计算复杂，且基函数的训练时间长。面向知觉任务模型、带反馈机制模型、基于注意机制模型有利于高层知觉任务的完成，进一步提高了编码模型的稀疏性，减少了对神经系统资源的需求，但是收敛速度明显降低。双层反馈神经网络视觉模型实现复杂细胞输出的稀疏编码模型，把对视觉信息的处理提高到第二层，可降低来自底层的噪声。表 6.1 列出了模拟视觉系统特征模型的分类和比较。

独立元分析模型多用到独立元分析，模型的条件是假定分量独立。此类型方法的使用条件强，应用范围受到限制。其中，独立子空间分析方法将独立元分析算法所得到的特征基函数可作为模拟视觉系统对自然图像的稀疏编码基函数，从信息论和统计学习的角度揭示感受野编码的机理。独立子空间分析方法将独立元分析方法中要求各个分量之间相互独立的条件放宽，将各个分量分成若干个组，每个组之间的分量是相互独立，而组内的分量可以不独立。拓扑独立元分析方法允许在一个小的领域内各个分量之间有相关性，获取的自然图像的基函数与复杂细胞的特性很相似。通用字典法的难点在于如何选择恰当的"字典"，才能获得最大的稀疏性。非负矩阵分解算法在矩阵中所有元素均为非负的条件下对其实现非负分解，非负性约束使得分解的基向量和组合系数中的大量元素为零或接近于零。

双层神经网络和独立元分析相结合的模型扩展自然图像独立元分析及单层稀疏编码方法为双层，显示出视皮层 V1 区柱状体组织之间存在清晰的连接关系，以及复杂细胞响应的拓扑结构。表 6.2 列出了统计模型的分类和比较。

表 6.1　　　　　　　模拟视觉系统特征模型的分类和比较

稀疏编码模型分类		具体方法	特　点	
模拟视觉系统特征模型	自底向上	最大似然概率	模型训练算法简单，训练过程没有结果的反馈，收敛速度较慢，精确度较差	都是启发式的学习方法，缺乏通用性。且多为线性模型，未考虑非线性部分，或者只含有非线性部分，估计模型准确不够
		标准的稀疏编码	不减少输入数据的维数，而是使对任一特殊输入信息响应的神经细胞数目减少；收敛速度慢，不能同时保证系数分量的稀疏性和独立性	
		非负稀疏编码	模型学习算法比较复杂，且容易受到噪声影响	
		基于峭度稀疏性测度的稀疏编码	在标准稀疏编码模型的基础上，增加了稀疏性惩罚项和重构误差约束项；虽然在一定程度上提高了模型的准确性，但是计算的复杂性显著增加	
		Gabor 基函数	可以更快地找到最佳基函数，对图像数据的类型具有很强的依赖性	
		超完备基	基函数大于输入自然图像块的维数，对输入图像的编码灵活，增强抗噪声性能；但计算复杂性高，基函数的训练时间长	
	自底向上和自顶向下结合	面向知觉任务、带反馈机制、基于注意机制	有利于高层知觉任务的完成；提高编码模型的稀疏性，减少对神经系统资源的需求；但是收敛速度慢，训练时间更长	
		双层反馈神经网络视觉	实现复杂细胞输出的稀疏编码模型，把对视觉信息的处理提高到第二层，进一步降低来自底层的噪声	

表 6.2   统计分析模型的分类和比较

稀疏编码模型分类		具体方法	特 点	
统计分析模型	独立元分析	独立元分析及其改进	独立元分析算法得到的特征基函数可作为模拟视觉系统对自然图像的稀疏编码基函数。从信息论和统计学习的角度揭示感受野编码的机理	多用到独立元分析方法，前提条件是假定分量独立。使用条件强，应用范围受到限制
		独立子空间分析方法	将独立元分析方法中要求各个分量之间相互独立的条件放松，将各个分量分成若干个组，每个组之间的分量是相互独立，而组内的分量可以不独立	
		拓扑独立元分析	拓扑独立元分析方法允许在一个小的领域内各个分量之间有相关性。获取的自然图像的基函数与复杂细胞的特性很相似	
	通用字典法		难点在于如何选择恰当的"字典"，才能获得最大的稀疏性	
	非负矩阵分解		在矩阵中所有元素均为非负条件下对其实现非负分解，非负性约束使得分解的基向量和组合系数中的大量元素为零或接近于零	
视觉系统模拟和统计分析相结合模型	双层神经网络和独立元分析相结合		扩展自然图像独立元分析及单层稀疏编码方法为双层，显示出视皮层 V1 区柱状体组织之间存在清晰的连接关系，以及复杂细胞响应的拓扑结构	

6.4   模拟生物视觉信息处理的稀疏编码原理

Hubel 和 Wiesel[41]指出感受野是处理视觉信息的基本结构和功能单元。生理学研究表明，具有这种感受野的神经元对某些特定的频带信息有强烈的反应[42]。它们根据稀疏编码（SC）机制描述图像的边缘、纹理和其他特征。从数学的角度来看，稀疏编码是一种描述多维数据的方法，只有少数的稀疏数据编码会同时处于显著的激活状态。这大致相当于所有编码数据的权重都呈现出超高斯分布。稀疏编码具有以下几个优点：对编码后的数据存储能力增加，想象力和记忆功能增强等。SC 方法广泛应用于模式识别、语音信号处理、图像特征提取、去噪、盲源分离等领域。

从建模的出发点来看，稀疏编码模型可以分为两类：视觉系统仿真模型和统计分析模型。视觉系统仿真模型是一种启发式的学习方法，由于它是一种线性模型，不含非线性分量，所以精确度不高。ICA 模型是统计分析模型中的一个主要模型，它假定 ICA 的组成分量是相互独立的。由于其严格的前提，ICA

模型的应用受到了限制。

1999 年，Olshausen 和 Field 提出在视觉皮质 V1 区中模拟简单细胞感受野的 SC 模型[43]。Olshausen 等人认为自然图像具有稀疏结构，任何给定的自然图像都可以在很大的数据集中用少量非零元素表示，这些非零元素以低熵编码的形式描述，其中，每个非零系数的概率密度分布都是一个单峰状态，且在零值附近处于峰值状态。稀疏编码意味着大多数元素为零或很接近零，只有少数元素不等于零。经典的稀疏分布是超高斯分布，例如，双指数分布或拉普拉斯分布。图 6.1 所示为超高斯分布图及高斯分布图。

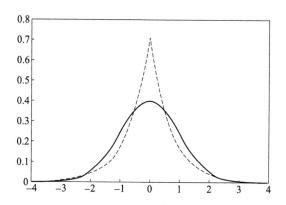

图 6.1　超高斯分布和高斯分布（虚线表示超高斯分布，实线表示标准高斯分布）

Olshausen 和 Field 在稀疏编码[44]中引入了超完全基，并应用于随时间变化的图像数据。该方法可以对自然图像进行灵活编码，提高了自然图像的抗噪声干扰能力。然而，训练基向量因计算量大耗时很长。Tenenbaum 等人提出了稀疏编码的双线性模型[45]，为恰当地表达图像的内容和属性，其中的稀疏编码稀疏和基函数要进行两次变换，因此训练模型的时间长。Hoyer 等人研究了多维独立分量分析（ICA）模型和不变特征子空间[46]，由于独立分量分析方法需要较强的假设条件，且其编码模型容易受到噪声的影响，应用也受到限制。Zou 等人建立一种新的稀疏编码模型，利用 ICA 方法的高效性和双向神经网络在图像重建中的高精度，提高图像稀疏编码的效率[47]。

Bell 和 Sejnowski 的研究表明，图像的独立特征是用边缘滤波器在简单感受野中提取的特征[48]。在感受野的模拟中，Olshausen 等人[49]用小波对图像数据进行了有效编码。这是一个有完备基的稀疏编码模型，该模型依赖于图像数据的类型，可快速估计出最佳基向量。Donoho 和 M. Elad 提出了基于最小化范数的稀疏表示方法[50]，为此需要选择恰当的"字典"才能获取最佳的稀疏编码基向量,然而"字典"的选择是一个困难。汪云九[51]利用广义 Gabor 小波函数建立了基于简单细胞簇的稀疏编码计算模型,并将其应用于图像的编码。

由于如何对主视皮层 V1 区域的图像数据进行编码仍然是一个需要解决的问题,因此大多数稀疏编码方法都是一种启发式学习方法,其中大部分是线性响应模型,缺乏理论指导[52]。此外,由于不考虑非线性响应部分,神经元的估计模型的精确度不够。

众所周知,赫布规则[53]是神经系统的基本原理。生物计算中的赫布规则简单自然,不同于上述各种编码方法。本章从直接和简便的角度出发,提出了一种新的基于赫布规则的稀疏编码基向量计算方法。

6.5 一种基于赫布规则的稀疏编码模型

6.5.1 基于赫布规则的稀疏编码模型

建立一个两层神经网络结构用于学习稀疏编码基向量,如图 6.2 所示。基向量的元素分别用两层神经元间连接的权值表示。其基本思想是:当两个输入向量之间的夹角小于一定程度 θ 时,按照赫布规则将两个输入向量合并(相加),得到一个新基向量,并作为下一步迭代的输入向量;否则,这两个输入向量将不合并,再次作为两个输入基向量。这个想法可以表述如下。

在图 6.2 中,x_i 和 y_j 是两个神经元相互之间有权重 w_{ij} 的连接,t 是迭代次数或时间,那么基于赫布规则的稀疏编码学习方法为

$$\begin{cases} \vec{W}_j(t+1) = \vec{W}_j(t) + \Delta \vec{W}_j(t) \\ \Delta \vec{W}_j(t) = \beta \vec{X}(t) y_j(t) \end{cases}$$

式中:β 是学习速度;x_i 是输入向量 $\vec{X}$ 的第 i 个元素

$$y_j(t) = \begin{cases} 1, & \arccos\left[\dfrac{\vec{W}_j(t)^{\mathrm{T}} \vec{X}(t)}{\parallel \vec{W}_j(t) \parallel \parallel \vec{X}(t) \parallel}\right] \leqslant \theta \\ 0, & \text{otherwise} \end{cases}$$

$$\vec{W}_j(t) = \begin{bmatrix} w_{1j}(t) \\ w_{2j}(t) \\ \vdots \\ w_{nj}(t) \end{bmatrix} \qquad \vec{X}(t) = \begin{bmatrix} x_1(t) \\ x_2(t) \\ \vdots \\ x_n(t) \end{bmatrix}$$

当 $t=0$，$y_j(0)=1$ 时

$$\vec{W}_j(0) = \begin{pmatrix} w_{1j}(0) \\ w_{2j}(0) \\ \vdots \\ w_{nj}(0) \end{pmatrix} = \begin{pmatrix} 0 \\ 0 \\ \vdots \\ 0 \end{pmatrix} \quad \vec{X}(0) = \begin{pmatrix} x_1(0) \\ x_2(0) \\ \vdots \\ x_n(0) \end{pmatrix} = \begin{pmatrix} 0 \\ 0 \\ \vdots \\ 0 \end{pmatrix}$$

6.5.2　基于赫布规则的稀疏编码模型算法

根据上述原理，可以得到一种新的图像稀疏编码基的计算框架，框架主要由三个步骤组成：第一步是从图像中选择初始基向量或图像中的小方块；由于这些初始向量通常是冗余的，所以第二步是消除初始基向量之间的冗余性；第三步是根据赫布学习规则训练稀疏编码基向量。训练流程如图 6.3 所示。

从图像中选择图像小方块作为训练样本。一个 $m \times m$ 像素的图像块可以看作是 $m \times m$ 维向量。图像小方块按间隔采样，如间隔 4 个像素，显然，这样的采样操作得到的基向量集合将存在大量的冗余向量。

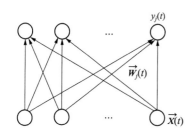

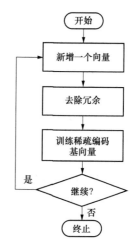

图 6.2　基于赫布规则的稀疏编码学习结构　图 6.3　图像稀疏编码基向量的计算流程图

一般来说，上述选择的基向量集合中大部分是冗余向量，为建立稀疏编码模型，应该去除冗余。当学习速率 β 取 1 时，赫布学习等价于将两个向量求和得到一个新的基向量。取 $\beta=1$，角度阈值 θ 设置为 30°，作为比较任意两个基向量 $\vec{X}_i$ 和 $\vec{X}_j$ 之间夹角的比较值，即当 $\vec{X}_i$ 和 $\vec{X}_j$ 之间夹角大于或等于 30°时，两个基向量 $\vec{X}_i$ 和 $\vec{X}_j$ 求和，得到新的基向量，放入基向量集合；否则，当夹角小于 30°时，两个基向量不进行求和计算，它们仍然分别作为基向量的候选者，然后进行下一步得到处理。根据 6.2 节和图 6.2 所示的计算方法，用处理过的基向量逐个操作所有其他向量，直到最后基向量集合中的所有向量都满足两两相互之间

夹角超过 30°。实现上述消除冗余的算法如下：

输入：初始基向量集合　　　InSet $= \{\vec{X}_1, \vec{X}_2, \cdots, \vec{X}_m\}$

输出：残差基向量集合　　　OutSet $= \{\vec{W}_1, \vec{W}_2, \cdots, \vec{W}_n\}$

初始：

$$\vec{W}_1 = \vec{X}_1, \quad t = 0$$

$$\vec{X}(0) = \begin{Bmatrix} x_1(0) \\ x_2(0) \\ \vdots \\ x_n(0) \end{Bmatrix} = \begin{Bmatrix} 0 \\ 0 \\ \vdots \\ 0 \end{Bmatrix}$$

// 第一次去除冗余

For $t = 1$ to m

　For $j = 1$ to n

$$y_j(t) = \begin{cases} 1, & \arccos\left[\dfrac{\vec{W}_j(t)^{\mathrm{T}} \vec{X}(t)}{\|\vec{W}_j(t)\| \, \|\vec{X}(t)\|}\right] \leqslant \theta \\ 0, & \text{otherwise} \end{cases}$$

$$\begin{cases} \vec{W}_j(t+1) = \vec{W}_j(t) + \Delta \vec{W}_j(t) \\ \quad \Delta \vec{W}_j(t) = \beta \vec{X}(t) y_j(t) \end{cases}$$

　　If $y_j(t) = 0$ then $n = n + 1$

　end

end

//第二次去除冗余

//重复初始采样过程

OutSet $= \{\vec{W}_1, \vec{W}_2, \cdots, \vec{W}_n\}$

//初始化输出向量集

For　$j = 1$ to n

$$\vec{W}_j = \vec{W}_j / \sum_i^n \|\vec{W}_i\|$$

End

//零均值化

令 $\vec{W}$ 表示均值向量

For　$j=1$ to n

$$\vec{W}_j = \vec{W}_j - \vec{W}$$

End

最后，将上述得到的输出基向量集 OutSet 进行归一化，使其均值为零，生成最终的稀疏编码基集。

6.5.3　基于赫布规则的稀疏编码实验

为了验证该方法的性能，进行了五组实验。采用来自网站（http：//www. cis. hut. fi/projects/ica/data/images/）的 13 幅图像作为训练样本进行实验，这些图像已在众多研究中使用过。图 6.4 所示为所有 13 幅图像中的 6 幅图像，图像的大小为 256×512 或 512×256 像素。

图 6.4　训练图像（来自 http：//www. cis. hut. fi/projects/ica/data/images/）

1. 训练基向量

在第一个实验中，从图像中选择大小为 8×8 像素的不同斑块作为初始矢量（104013 个）。根据本章提出的算法，最终得到 167 个基向量。联想笔记本电脑的运行时间约为 $20 \sim 30 \mathrm{min}$，该笔记本电脑的硬件配置为 Intel Core2 CPU（T5500 1.6GHz）、1Gigabits 内存和 Windows XP 专业版。在总共 167 个基向量中，有些基向量的长度相对很小，这意味着这些向量对图像编码的贡献微不足道。因此，将这 167 个候选基向量按长度由大到小排列，选择长度之和占全部 167 个候选基向量的长度和为 99.9% 的前 107 个基向量作为候选向量，然后将这

107 个基向量的元素转换为灰度值 0～255，显示如图 6.5 所示。

为了进一步验证该方法的有效性，还进行了一些实验。在其余的实验中，对 12×12、6×6、3×3 像素的图像小斑块进行了同样算法和环境下的计算，所有这些计算结果如图 6.5 所示。其中，当基向量的维数为 12×12 时，可计算出 84 个基向量；当基向量的维数为 6×6 时，可计算出 36 个基向量；当基向量的维数为 3×3 时，可计算出 20 个基向量。从运行时间来看，基向量的数目越多，运行时间越长。除 12×12 和 8×8 的图像小斑块外，斑块的尺寸越小，得到的基向量集合数目就越小，这与线性代数的向量空间理论是一致的。

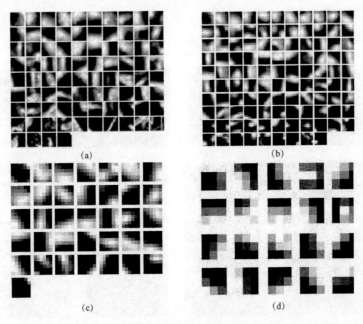

(a)　　　　　　　　　　　(b)

(c)　　　　　　　　　　　(d)

图 6.5　本章提出的算法计算得到的基向量（各种维数）集合

(a) size of 12×12；(b) size of 8×8；(c) size of 6×6；(d) size of 3×3

2. 验证基向量分布的稀疏性

为了验证基向量是否具有稀疏性分布，采用卷积运算计算图像对各基向量集合的响应。对于 8×8 像素的基向量，得到 17370171 个响应或编码系数。在其他四种情况下，系数约为数百万或数千万。所有这些都按照图 6.6 绘制柱状图，以验证它是否满足超高斯分布。对 12×12、6×6 和 3×3 矢量进行相同的处理，所有结果如图 6.6 所示。从图中可以看出，所有编码系数的分布服从超高斯分布，这表明具有明显的稀疏分布特性。根据本章提出的算法得到的稀疏编码基向量符合稀疏编码模型要求，因此算法是有效的。

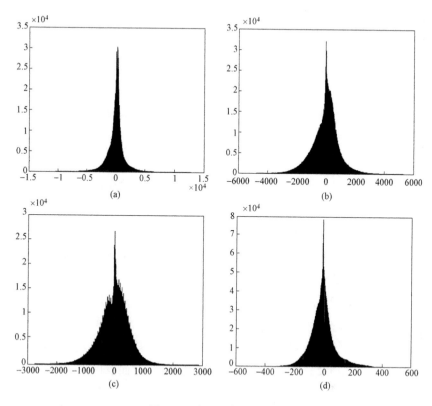

图 6.6　编码系数的直方图

（a）12×12 的小方块；（b）8×8 的小方块；（c）6×6 的小方块；（d）3×3 的小方块

6.5.4　结论

本章提出一种新的基于赫布规则的稀疏编码基向量计算方法，这与生物计算原理是一致的，但计算更简单，没有复杂稀疏编码工作。其主要工作在于通过消除所有初始向量之间的冗余度来学习基向量。实验证明，该方法对稀疏编码基学习是有效的。

本章根据 30° 这个阈值决定是否应合并两个基向量，实际使用中可以根据需要进行调整。但阈值对基向量的影响，以及如何选择这个阈值，仍然有待进一步研究。在未来的研究中，将把所提出的方法应用于更多图像的稀疏编码，以进一步检验稀疏编码方法的性能。

小　　结

信息社会中，自然图像信息越来越丰富，海量数据的存储和传输与有限的存储空间和传输带宽之间的矛盾日益突出。为此，人们通常要对这些媒体数据作压缩处理，以提高存储和传输效率，降低设备成本。以稀疏编码为代表的生物视觉系统具有高性能的图像编码和表示能力，稀疏编码在图像、视频压缩方面具有惊人的压缩能力，可去除大量的冗余数据，广泛应用于数据降维、提取图像的关键特征和数据压缩，边缘检测、图像分类、图像重建，以及去噪声、对象和行为识别。

由于动物视觉生理过程的复杂性，在用稀疏编码模型模拟初级视觉系统神经元的感受野特性时，是在假设输入数据满足超高斯分布的前提下，用大量的自然图像训练稀疏系数和基函数，计算量大，训练时间长，其应用范围受到限制。因此，如何训练稀疏系数和基，减少计算量，使自然图像得到最短描述、降低原始数据的维数、提取关键特征，成为需要进一步研究解决的课题，以下列举几个研究方向进行展望。

首先，利用生物视点统计分析及注意选择机制建立稀疏编码模型。学者们对生物视点进行了的统计分析[54]，在眼动及选择性注意方面取得很多研究成果，为模拟生物视觉系统的信息处理机制奠定基础。视觉系统是人类获取外部信息最重要的通道，眼动及选择性注意信息可以在细微方面反映信息提取和选择方面的过程与规律。可根据人类视觉系统眼动及注意选择机制，结合真实视点行为数据，建立模拟人类视觉系统信息处理的模型；同时，可利用真实视点数据实现非参数纹理区域和参数轮廓曲线的分割，分别得出受生物视觉启发的图像纹理和轮廓的稀疏编码模型，这在生物神经学角度和神经计算科学角度都有广泛的应用，如在探索生物视觉系统时，便于理解神经细胞功能特点；从模式识别的角度看，把外界刺激模式转换为有效的内部表示，有助于提取外界信息特征。

其次，利用生物视觉系统对各种信息的处理，提高对各类信息的识别率及处理速度。例如，正确识别各种不良网页信息已经成为保护青少年身心健康、维护社会稳定积待解决的问题。提取各种不良网页信息的最本质特征，对不同信息进行分类，构造分类器，从而进行快速准确的识别和过滤。另外，随着网络和多媒体技术的发展，数字娱乐已十分普及。由于缺乏对网络视频内容严格管理的手段和技术，造成大量不良视频（如色情、暴力、敌对势力反动宣传信息）在网络上蔓延，客观、有效地对视频内容进行分类识别十分必要。借助人类视觉系统对视频信息关键特征的提取和处理能力，结合认知心理学、计算神经科学、统计机器学习、模式识别等方法，通过机器学习挖掘出不良视频的统计特性，提高视频分类的准确率。

最后，在视觉搜索方面上，往往采用分块编码表示图像特征，进而采用分块编码的融合，得到目标整体的稀疏编码，在独立性假设前提下利用统计推断，类似于单细胞表达和识别机制的最大后验概率准则，可应用于自动或辅助驾驶的学习和模拟。由于目前主动视觉模型的限制，对实际快速变化场景及其中的物体或目标还缺乏高效的信息抽取及编码能力，因此，稀疏编码的良好表达能力将有助于克服这些问题，使自动或辅助驾驶成为可能。

参 考 文 献

[1] 甘刿初. 关于信息属性的再认识 [EB/OL]. [2012 - 07 - 25]. http：//www. cies. org. cn/Article _ view. asp? docid＝318. 2002 - 10.

[2] Michison G. The organization of sequential memory：sparse representations and the targeting problem [M]. Organization of Neural Networks, VCH Verlagsgesellschaft, Weinheim, 1988：347 - 367.

[3] Barlow H B. Possible principles underlying the transformation of sensory messages [M]. Sensory Communication. Cambridge, MA：MIT Press, 1961：217 - 234.

[4] Ruderman D L, Bialek W. Statistics of natural images：scaling in the woods [M]. Physical Review Letters, 1994, 73 (6)：814 - 817.

[5] 罗四维，等. 视觉感知系统信息处理理论 [M]. 北京：电子工业出版社，2006.

[6] Vinje W E, Gallant J L. Sparse coding and decorrelation in primary visual cortex during natural vision [J]. Science, 2000, 287：1273 - 1276.

[7] B A Olshausen, D J Field. Emergence of simple - cell receptive field properties by learning a sparse code for natural images [J]. Nature, 1996, 381：607 - 609.

[8] D J Field. What the statistics of natural images tell us about visual coding [C]. Proceedings of the International Society for Optical Engineering, 1989, 1077：269 - 276.

[9] A Hyvarien. Fast and robust fixed - point algorithms for independent component analysis [J]. IEEE Transaction on Neural Networks, 1999, 10 (3)：626 - 634.

[10] 杨竹青，李勇，胡德文. 独立成分分析方法综述 [J]. 自动化学报，2002，28 (5)：763 - 772.

[11] P O Hoyer. Modeling receptive fields with non - negative sparse coding [J]. Neurocomputing, 2003, (52 - 54)：547 - 552.

[12] P O Hoyer. Non - negative sparse coding [C]. Proceedings of the 12th IEEE Workshop on Neural Networks for Signal Processing, Martigny, Switzerland, 2002：557 - 565.

[13] Shang Li. Cao Fengwen. Adaptive denoising using a modified sparse coding shrinkage method [J]. Neural Processing Letters, 2006, 24 (2)：153 - 162.

[14] 尚丽. 稀疏编码算法及其应用研究 [D]. 中科院合肥智能机械研究所，2006.

[15] P O Hoyer, A Hyvarinen. A multi - layer sparse coding network learns contour coding

from natural images [J]. Vision Research, 2002, 42 (12): 1593 - 1605.

[16] Q Y Li, J Shi, Z Z Shi. A model of attention - guided visual sparse coding [C]. Proceedings of IEEE International Conference on Cognitive Informatics, UCI, CA, USA, 2005: 120 - 125.

[17] Miao Zheng, Jiajun Bu, Chun Chen, et al. Graph regularized sparse coding for image representation [J]. IEEE Transactions on Image Processing, 2011, 20 (5): 1327 - 1336.

[18] J P Jones, L A Plamer. An evaluation of the two - dimensional Gabor filter model of simple receptive fields in cat striate cortex [J]. Journal of Neurophysiology, 1987, 58 (6): 1233 - 1258.

[19] Caceci M S, Cacheris W P. Fitting curves to data [J]. Byte, 1984, 9 (5): 340 - 362.

[20] Bruno A Olshausen, Phil Sallee, Michael S, et al. Learning sparse image codes using a wavelet pyramid architecture [J]. Advances in Neural Information Processing Systems, 2001, 13: 887 - 893.

[21] D H Hubel, T N Wiesel. Receptive fields and functional architecture of monkey striate cortex [J]. Journal of Physiology, 1968, 195: 215 - 243.

[22] 杨谦, 齐翔林, 汪云九. 视皮层 V1 区简单细胞的稀疏编码策略 [J]. 计算物理, 2001, 18 (2): 136 - 143.

[23] B A Olshausen, D J Field. Sparse coding with an overcomplete basis set: a strategy employed by V1? [J]. Vision Research, 1997, 37: 3313 - 3325.

[24] B A Olshausen. Sparse coding of time - varying natural images [C]. Proceedings of the Second International Workshop on Independent Component Analysis Blind Signal Separation, 2000: 603 - 608.

[25] Cornelius Weber, Jochen Triesch. A sparse generative model of V1 simple cells with intrinsic plasticity [J]. Neural Computation, 2008, 20 (5): 1261 - 1284.

[26] Ewaldo Santana, Jose C Princepe, A K Barros, et al. Biologically inspired algorithm based on error minimization [C]. Proceedings of the Third International Conference: Brain Inspired Cognitive Systems (BICS 2008), Sao Luis, Brazil, 2008.

[27] Field D J. Relations between the statistics of natural images and the response properties of cortical cells [J]. Journal of Optical Society, 1987, 4 (12): 2379 - 2394.

[28] Bell A J, Sejnowski T J. An information maximization approach to blind separation and blind deconvolution. Neural Computation, 1995, 7 (6): 1129 - 1159.

[29] Hyvarinen A. New approximations of differential entropy for independent component analysis and projection pursuit [M]. Advances in Neural Information Processing Systems. Cambridge, MA: MIT Press, 1998, 10: 273 - 279.

[30] Lewicki M S, Sejnowski T J. Coding time - varying signals using sparse shift - invariant representations [M]. Advances in Neural Information Processing Systems. Cambridge, MA: MIT Press, 1999.

[31] Hyvarinen A, Hoyer P O. Emergence of phase and shift invariant by decomposition of natural images into independent feature subspaces [J]. Neural Computation, 2000, 12 (7): 1705 - 1720.

[32] Hyvarinen A, Hoyer P O, Inki M. Topographic independent component analysis [J].

Neural Computation, 2001, 13 (7): 1527 - 1558.

[33] A. Hyvarinen, E Oja, P Hoyer, et al. Image feature extraction by sparse coding and independent component analysis [J]. Proceedings of International Conference on Pattern Recognition (ICPR'98), Brisbane, Australia, 1998: 1268 - 1273.

[34] 邹琪, 罗四维. 模拟视觉系统的稀疏编码神经网络模型 [R]. 中国科技论文在线, [2011 - 10 - 10]. http: //www. paper. edu. cn/person/luosiwei/luosw. html.

[35] D L Donoho, Michael Elad. Optimally sparse representation in general (nonorthogonal) dictionaries via l^1, minimization [C]. Proceedings of the National Academy of Sciences (PNAS), 2003, 100 (5): 2197 - 2202.

[36] D D Lee, H S Seung. Learning the parts of objects by nonnegative matrix factorization [J]. Nature, 1999, 401: 788 - 791.

[37] Junzhou Huang, Tong Zhang. The benefit of group sparsity [J]. Annals of Statistics, Accepted, 2010.

[38] Shaoting Zhang, Junzhou Huang, Yuchi Huang, et al. Automatic image annotation using group sparsity [C]. Proceedings of the IEEE Computer Society Conference on Computer Vision and Pattern Recognition, San Francisco, USA, 2010: 3312 - 3319.

[39] Junzhou Huang, Tong Zhang, Dimitris Metaxas. Learning with structured sparsity [C]. The 26th International Conference on Machine Learning, Montreal, Quebec, Canada, 2009: 3371 - 3412.

[40] A Hyvarinen, P O Hoyer. A two - layer sparse coding model learn simple and complex cell receptive fields and topography from natural images [J]. Vision Research, 2002, 41 (18): 2413 - 2423.

[41] D Hubel, T Wiesel. Receptive fields of single neurons in the cat's striate cortex [J]. Journal of Physiology, 1959, 148: 574 - 91.

[42] D Field. What the statistics of natural images tell us about visual coding [J]. Proceedings of the International Society for Optical Engineering, 1989, 1077: 269 - 276.

[43] B Olshausen, D Field. Emergence of simple - cell receptive field properties by learning a sparse code for natural images [J]. Nature, 1996, 381: 607 - 609.

[44] Olshausen, D J Field. Sparse coding with an overcomplete basis set: a strategy employed by V1? [J]. Vision Research, 1997, 37: 3313 - 3325.

[45] J Tenenbaum, W Freeman. Separating style and content with bilinear models [J]. Neural Computation, 2000, 12: 1247 - 1283.

[46] P Hoyer, A Hyvarinen. Independent component analysis applied to feature extraction from colour and stereo image [J]. Network: Computation in Neural Systems, 2000, 11 (3): 191 - 210.

[47] Zou, S Luo. Sparse code neural network model based on visual system (Chinese, http: //www. paper. edu. cn/luosiwei. php) . = [34]

[48] Bell A J, Sejnowski T J. The independent components of natural scenes are edge filters [J]. Vision Research, 1997, 37 (23): 3327 - 3338.

[49] Olshausen, P Sallee, M Lewicki. Learning sparse image codes using a wavelet pyramid architecture [J]. Advances in Neural Information Processing Systems, 2001, 13: 887 - 893.

[50] Donoho，M Elad. Optimally sparse representation in general（nonorthogonal）dictionaries via l1，minimization［C］. Proceedings of the National Academy of Sciences（PNAS），2003，100（5）：2197－2202.

[51] 汪云九. 神经信息学：神经系统的理论与模型［M］. 北京：高等教育出版社，2006.

[52] L Shang. Sparse coding algorithm and its applied research，the Chinese Academy of Sciences，Hefei Institute of Intelligent Machines Doctoral Thesis，2006. http：//www. iim. ac. cn/edu/lunwen/ shangli. htm.

[53] Hebb. The organization of behavior［M］. New York：Wiley，1949.

[54] Tilke Judd，Krista Ehinger，Fredo Durand，et al. Learning to predict where humans look［C］. Proceedings of IEEE 12th International Conference on Computer Vision，2009：2106－2113.

第 7 章

图像轮廓提取方法研究

本章对现有的轮廓提取现状进行分析，把主要的轮廓提取方法划分为先验知识法、数学形态法、基于梯度的方法、水平集方法、活动轮廓模型方法以及神经动力学方法六大类，并分析这些方法的主要特点。对轮廓提取方法研究进行展望，认为神经动力学方法是轮廓提取方法的发展方向。

7.1 图像轮廓提取简介

在计算机视觉的研究中，边缘与线段包含丰富的图像信息，代表了图像的特征，边缘与线段的组合构成一幅图像区别于其他图像的特征集合。物体的轮廓不同于边缘，图像的边缘信息包含所有的轮廓信息，轮廓包含着比位置更多的信息，从图像的轮廓，即可识别大量的物体。边缘检测技术是利用物体和背景在图像的灰度、颜色或者纹理特征等方面的差异提取图像中不同特征区域间的分界线。轮廓提取在许多智能视觉系统中特别是模式识别中被认为是非常重要的过程。传统的轮廓提取方法主要是利用边缘检测算子进行边缘的提取，然后根据目标物体的轮廓特点去除杂散的冗余边缘并进行边缘的修补。随着研究的深入和技术的发展，出现各种新的轮廓提取方法，本章对这些方法进行分析、归纳和总结，对未来的发展进行展望。

7.2 图像轮廓提取研究现状

7.2.1 先验知识法

在轮廓提取的概率方法中，主要是基于边缘的段连接，即从种子点开始，将图像中的边缘候选点根据物体轮廓线的先验知识连接成轮廓[1]。边界点和边界段用图结构表示，图 7.1 所示为用于检测边界的搜索图，通过在图中进行搜索对应最小代价的通道找到闭合边界。

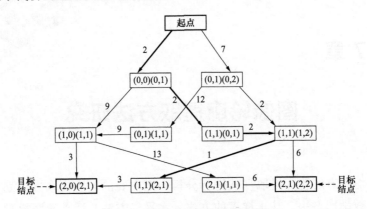

图 7.1　用于检测边界的搜索图

每个结点对应一个边缘元素，每个长方框中的两对数分别代表边缘元素两边的像素坐标，如果两个边缘元素是前后连接的，则所对应的前后两个结点之间用箭头连接，每个边缘元素的代价数值由式（7.1）计算得到，并标在图中指向该元素的箭头上，这个数值代表如果用这个边缘作为边界的一部分所需要的代价。每个由像素 p 和 q 确定的边缘元素对应的代价函数为

$$C(p,q) = H - [f(p) - f(q)] \qquad (7.1)$$

其中，H 为图像中的最大灰度值；$f(p)$ 和 $f(p)$ 为像素 p 和 q 的灰度值。每条从起始结点到目标结点的通路都是一个可能的边界，图中粗线箭头表示根据式（7.1）算得的最小代价通路。

为减少计算量，提出了利用相关的启发性知识减少搜索量的方法。用 $g(n)$ 表示从 s 到 n 的最小代价通路，$h(n)$ 表示某些启发性知识得到的值，根据下式进行 7 个步骤的图搜索算法（即 A 算法）可找到通路[2]

$$r(n) = g(n) + h(n) \qquad (7.2)$$

实际上，该算法是将边缘检测和边界连接结合起来，通常不能保证发现全局最小代价通路，其主要优点是借助启发性知识加快了搜索速度，用于在给定起点和终点的条件下连接它们之间的边缘段。对于闭合的区域边界，还需要判断搜索结束的问题，通过对图像进行极坐标变换而实现起始点确定和判断搜索结束[3]。

Perez 等人提出了一种称为 JetStream[4] 的边缘连接方法，该方法主要考虑了物体轮廓线的平滑性，提高了抗噪声能力，但不适合于提取具有角点和拐点的物体轮廓。因此，樊鑫等人[5] 将物体形状的统计先验信息和轮廓线的平滑性结合到轮廓的概率估计中，用动态概率模型描述边缘连接过程，在边缘连接过程中引入物体形状的统计先验构造采样概率，以生成轮廓样本。通过主元分析，利用低维空间较少的样本表示在高维空间的形状概率分布，结合描述平滑性的先验概率以及反映图像边缘信息与样本关系的似然概率，运用序列蒙特卡罗方法估计后验概率，得到具有特定形状的物体的轮廓线。先验知识法的主要缺点是对初始值敏感，易于陷入局部极值。

7.2.2　数学形态学方法

数学形态学是建立在严格数学理论基础上的学科，其算法已经成为许多图像处理和计算机视觉技术中的理论基础，被广泛应用于轮廓的提取中。数学形态学是一种非线性滤波方法，其中，二值数学形态学变换是一种针对集合的处理过程，基本运算包括腐蚀、膨胀、开运算和闭运算，这些运算的实质是表达物体或形状的集合与结构元素间的相互作用，而结构元素的形状将决定所提取信号的形状信息。形态学边缘提取的思想是：经过某种变换后，待提取图像边缘的灰度值的变化程度比非边缘部分显著得多。目前已有多种运用形态学理论进行目标轮廓提取的方法。

J Yang 等人[6]提出一种基于方向形态学的轮廓提取方法，该方法在二值化的边缘图像的基础上进行滚动膨胀操作，通过定义方向目标函数确定结构元素的移动方向，从而获得目标的轮廓信息。该方法的效果依赖于前期图像边缘提取的结果，易受噪声的影响，在边缘不连续的情况下容易陷入局部的轮廓提取。姚庆梅等人[7]对此进行了改进，引入边缘方向信息，利用具有方向信息的结构元素对图像进行滚动膨胀，提取图像中物体的轮廓信息，提高抗噪声能力。

吴凤和[8]提出一种运用数学形态学的轮廓提取方法。边缘检测是提取轮廓的基本方法或前期处理过程，检测出来的边缘无法保证单像素宽，往往出现孤立或分段不连续的边缘，需要进行细化处理，并将不连续的边缘像素或分段连接起来，完成轮廓的提取。针对上述问题，该方法先采用灰度阈值法进行图像分割，然后运用数学形态学方法对二值图像进行缺陷修补，再通过链码跟踪存储轮廓信息，实现具有单像素边缘的图像轮廓提取，提取过程如图 7.2 所示。

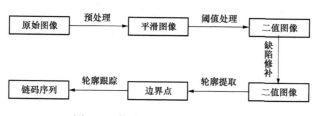

图 7.2　数学形态学轮廓提取过程

数学形态学方法的特点是，所有运算建立在若干个基本运算的基础上，计算简单且适合并行运算，具有天然的并行性，能实现快速算法。

7.2.3 基于梯度的方法

在边缘检测时，一般需要利用梯度的幅值信息，并确定阈值，将边缘点与背景区分开[9]。李立春等人[10]不仅利用梯度的幅值信息，还结合梯度的方向信息，但是在幅值的处理过程中仍存在阈值的选择问题，在应用中会受到一定的限制。张小虎等人[11]提出一种基于梯度方向直方图的直线轮廓提取新方法。该方法首先利用 Sobel 算子计算 $\Delta_x f = \Delta_x f(i, j)$，$\Delta_y f = \Delta_y f(i, j)$，根据式 (7.3) 和式 (7.4) 计算梯度幅值图和梯度方向图，

$$\mathrm{mag}(i,j) = \sqrt{(\Delta_x f)^2 + (\Delta_y f)^2} \tag{7.3}$$

$$\theta(i,j) = \arcsin[\Delta_x f / \mathrm{mag}(i,j)] \tag{7.4}$$

并按照式 (7.5) 和式 (7.6) 统计边缘方位强度直方图。

$$\theta(i,j) \in \left[-\frac{\pi}{2k} + k\frac{\pi}{k}, \frac{\pi}{2k} + k\frac{\pi}{k}\right] \cup \left[\pi - \frac{\pi}{2k} + k\frac{\pi}{k}, \pi + \frac{\pi}{2k} + k\frac{\pi}{k}\right] \tag{7.5}$$

$$H_d(k) = \sum\sum \mathrm{mag}(i,j) \mid \mathrm{ori}(i,j) = k, k = 0,1,2,\cdots,n-1 \tag{7.6}$$

然后根据式 (7.7) 确定目标轮廓的方向 $k_{\max}$，目标的轮廓在垂直于 $k_{\max}$ 的方向上。

$$H_D(k_{\max}) = \max\{H_d(k), k = 0,1,\cdots,n-1\} \tag{7.7}$$

再按最强边缘方向统计"边缘位置直方图"。即在上述确定的最强边缘方向对图像进行扫描，扫描线为 l_p，对每一条扫描线按照式 (7.8) 进行统计，得到对应于扫描线在最大梯度方向上的当前位置的"边缘位置直方图"。

$$H_p(p) = \sum_{(i,j) \in l_p} \mathrm{mag}(i,j) \mid \mathrm{ori}(i,j) = k_{\max} \tag{7.8}$$

最后，在"边缘位置直方图"上确定目标轮廓的位置。在图像上具有最强边缘方向的直线边缘处"边缘位置直方图"会有较大响应，据此可进行边缘位置定位。

该方法利用梯度方向直方图确定图像边缘方向，根据此方向在图像上搜索直线边缘的位置。由于同时利用了梯度的幅值和方向信息，所以该方法能自动地提取直线边缘而无需阈值。有较强的局限性，适用于直线轮廓的提取。

7.2.4 水平集方法

水平集（Level Set）方法是 Osher S. 和 Sethian J.[12]于 1988 年在研究曲线（曲面）以曲率相关的速度演化时提出来的，是处理封闭运动界面随时间演化过

程中几何拓扑变化的有效计算工具。其主要思想是将移动的界面作为零水平集嵌入高一维的水平集函数中，由闭超曲面的演化方程可以得到水平集函数的演化方程，而嵌入的闭超曲面总是其零水平集，最终只确定零水平集即可确定移动界面演化的结果。与其他曲线演化方法相比，水平集方法具有稳定和拓扑无关性的特点。

设给定的平面上有一条封闭的初始曲线 C，点（x，y）到曲线 C 的距离用符号距离函数表示为 $\Phi(x，y) = \pm d$，在曲线内部取值为负，曲线外取值为正。d 表示点（x，y）到曲线 C 的距离，则曲线 C 可用 $\Phi(x，y)$ 的零水平集表示，即 $C = \{(x，y) \mid \Phi(x，y) = 0\}$。曲线演化需要考虑经过时间 t 后位置的变化，可将时间参数 t 加到函数中，即 $C(t) = \{(x，y) \mid \Phi(x，y，t) = 0\}$。每个分裂的水平集曲线内部都可以看作一个分割区域，而零水平集可看作区域的边界，也就是目标轮廓。

通过不断地更新 Φ 达到演化隐含在其中的 C，水平集函数的演化满足下列基本偏微分方程

$$\frac{\partial \Phi}{\partial t} = F \mid \nabla \Phi \mid \tag{7.9}$$

其中，$\mid \nabla \Phi \mid$ 表示水平集函数的梯度范数，曲线（界面）运动速度为函数 F，它与曲线（界面）位置、几何特性以及运动时间和外部物理特性有关。应用水平集方法进行边界轮廓提取的关键是根据实际问题的需要选取合适的速度函数 F，F 一般取决于两个因素：一个因素与图像有关（如梯度信息），另一个因素与轮廓曲线的几何形状有关（如曲线的曲率）。定义适当的速度函数作为曲线演化的停止准则，如基于水平集的测地活动轮廓线方法[13]，F 为

$$F = g(\mid \nabla I \mid)(K + v)$$

$$K = \nabla \left(\frac{\nabla \Phi}{\mid \nabla \Phi \mid} \right)$$

式中：I 是图像函数；$g(\cdot)$ 是非递增函数；K 是水平集函数的曲率；v 是常数项。

Sethian 得出该模型的数值解公式[14]，陈波等人[15]对一种耦合的活动轮廓模型，应用变分发求解出对应的水平集曲线演化的方程。

上述方法仅仅利用图像区域的局部边缘信息，检测由梯度定义的目标边缘很有效，但对边缘模糊或者存在离散状边缘的区域，则不适用。因此，Chan 等人[16]提出一种基于 Munford - shah 最优分割模型的水平集方法，不仅利用梯度定义的边缘信息，还具有全局特性而且不依赖图像中的边界信息，对边缘模糊

或者存在离散状边缘也能得到较好的分割效果。黄福珍等人[17]对此进行了改进，采用全局优化算法，轮廓提取结果并不依赖于前阶段中对运动区域检测的结果，进一步提高稳定性和抗噪声性。

7.2.5 活动轮廓模型方法

根据 Marr 的计算视觉的分层计算理论，边缘检测、轮廓提取被认为是一个自治的、自底而上的处理过程，底层的处理结果将会影响到上层的处理。为使处理过程能够独立进行，不需要先验知识或更多的高层处理结果的指导。Michael Kass 等人提出主动轮廓模型（即"蛇"模型）[18]，该模型在底层处理过程中可以用到高层处理过程中获得的信息，从而在一定程度上摆脱了严格分层的束缚。这种模型把图像中感兴趣的物体轮廓看作一条连续封闭的链条结构，为它设计一类能量函数，以迭代方式求取能量的最小值，从而获得最优轮廓。定义的活动轮廓模型为图像平面内的一条参数曲线为

$$X(s) = [x(s), y(s)], \quad s[0,1]$$

曲线的总能量可以描述为

$$E_{total} = \int_C E_{Elastic} + E_{Bending} + E_{External}$$

其中，$E_{Elastic}$ 为轮廓的弹性势能，反抗轮廓模型的拉伸 $E_{Elastic} = \frac{1}{2}\int_C \alpha \times |X_s|^2 ds$，$X_s = \frac{dX(s)}{ds}$，$\alpha$ 为加权因子；$E_{Bending}$ 为轮廓的弯曲势能，抵制轮廓模型的弯曲变形，$E_{Bending} = \frac{1}{2}\int_C \frac{1}{2}\beta |X_{ss}|^2 ds$，$X_{ss} = \frac{d^2 X(s)}{ds^2}$，$\beta$ 为加权因子；而 $E_{External}$ 是与图像特征有关的外部能量，也是活动轮廓模型讨论的主要问题，它描述所要分割的物体边缘，其作用是以显著的特征吸引轮廓的移动。综上可得

$$E_{total} = \frac{1}{2}\int_C \left\{ \alpha |X_s|^2 ds + \frac{1}{2}\beta |X_{ss}|^2 ds + E_{External}[X(ss)] \right\} ds$$

理论证明，要使得上式取得最小值必须满足

$$\alpha X_{ss} - \beta X_{ssss} - \nabla E_{External} = 0$$

其中，$ssss$ 代表关于 s 参数的四阶偏微分。

"蛇"模型对于广泛的一系列视觉问题给出了统一的解决方法，把图像数据、初始估计、目标轮廓及基于知识的约束统一于一个特征提取过程中，经适当地初始化后，它能自主地收敛于能量极小值状态。不足之处是对初始位置敏感，需要依赖其他机制将"蛇"放置在感兴趣的图像特征附近，且有可能收敛到局部极值点甚至发散。

对模型的改进主要包括参数活动轮廓模型、几何活动轮廓模型[19]。参数活动轮廓模型用拉格朗日表达式建立一条参数曲线,在一定程度克服了"蛇"模型的一些不足。Ballons 方法[20]扩充外部能量捕获的范围,在外力中增加膨胀力,当初始轮廓处于目标轮廓时,使轮廓膨胀并稳定地收敛于图像的边缘,可降低对初始轮廓的敏感程度,并能跨越图像中的伪边缘点;传统方法是基于图像边缘的灰度值信息,易陷入局部最小值问题,Shaking snakes 方法[21]在图像能量中引入彩色边缘信息,新增能量函数

$$E_{\text{coledge}}(V_i) = \frac{\min - \text{mag}(V_i)}{\max - \min}, \text{mag}(V_i) = \max\{Y_{\text{edge}}^i, U_{\text{edge}}^i, V_{\text{edge}}^i\}$$

其中,Y,U,V 是彩色空间中的 3 个分量。由于彩色图像提供了比灰度图像更多的图像信息,因此能够在更大的范围内寻找真实的物体边缘,减少陷入局部最小值问题的发生。针对 Snake 模型无法收敛到轮廓的深度凹陷区域这一缺陷,Xu 等人提出 GVF Snake 模型[22],提出新的外力(GVF 力),GVF 能将 Snake 拖向物体的深度凹陷区域。

几何活动轮廓模型与轮廓的参数特性无关,其初始轮廓是在轮廓曲线几何特性的推动下向着目标的边缘移动,避免了参数活动轮廓模型的重复参数化曲线过程。V. Caselles 等人[13]采取增加附加项方法,对轮廓通过实际物体边缘时进行修正,克服传统模型对边缘不突出的图像处理效果不佳的缺点;Chan 等人[16]在能量函数中增加与轮廓内外的区域特性有关的项,提高处理的效果,还同时引入水平集方法,允许模型在拓扑结构上的变化[23]。

7.2.6 神经动力学方法

最近几十年来,人们主要用电子方式处理图像,目标是要用机器来实现与人脑处理图像的相同功能。这个目标至今还远未达到,需要学习人脑机制解决图像的处理问题。传统认为,大脑的活动被认为是由数百万简单处理单元(如神经元)行为的总和,并由复杂系统关联起来;在人工神经网络中,神经元仅仅是执行相加、设置门限等功能。然而,至今人们发现生物神经元十分复杂,比人工神经网络中的处理单元执行的计算要复杂得多,认为大脑中有几百种类型的神经元及神经元之间的消息脉冲。

最近科学开始逐步理解小哺乳动物的视觉皮层,这种认识产生了新的图像处理算法,使之达到一个新的高度。受到这种生物学方法的启示,研究者们已经开始从另一个方向往图像处理目标前进[24]。

在仿生视觉的研究中,神经动力学方法成为新一代代表性方法。轮廓检测或整合,是对表面视觉形成感知组合的有效工作之一。对轮廓整合的心理学实

验揭示[25]，有一个关联区域（Association Field）管理定向的轮廓元，并能将这些轮廓元组合成为一个轮廓。感知的组合需要深入理解神经元的工作机制，这种机制有助于实现感知的组合。Malsburg 和 Vonden 等人[26,27]提出可利用诸如与神经元同步的临时码的有效机制，该机制被一系列猫的实验所证实[28,29]，猫实验中的同步神经元组与粘附刺激相关联。

从解剖学角度看，主要视觉表面含有细胞，这些细胞会响应定向的刺激[30]，且双向互联，暗示连接可能是解剖学中轮廓检测与整合的基础。

在计算方面，有研究表明，朝向选择神经元可作为轮廓编码。Li 等人[31]用非线性神经元网络，研究不同区域之间的边界如何引起特定的神经元响应。Yen 等人[32]利用生物学上的实际模型，证实沿着轮廓会发生同步。上述二者都应用特定的连接，而那些激励性的连接大多数在神经元之间，且往往是位于同一个轮廓。虽然 Yen 等人的研究表明轮廓可用同步的神经元编码，但这些机制使用的神经元非常复杂，它们很难应用于实际的图像分析，但从理论上看，提出具有类似特征的简单模型，由此可以看到一个轮廓更深层的同步特征。

为实现沿着轮廓的同步，Etienne 等人[33]开展了进一步研究。他们定义局部互联感知的 Retinotopic Network 及朝向选择刺激神经元，利用累积—发放（Integrate and Fire）神经元模型，在有限的轮廓宽度范围内（相对于神经元感知域的宽度），用关联神经元同步准确地检测出轮廓，如图 7.3 所示。整个宽度频谱可以被网络重叠覆盖，它能同时检测所有的轮廓。研究成果表明轮廓引起的同步是网络的重要属性。

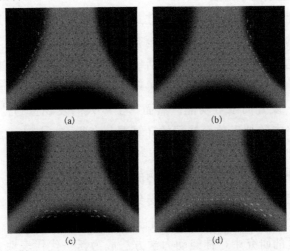

(a)　　　　　　　　　　(b)

(c)　　　　　　　　　　(d)

图 7.3　基于累积—发放神经元同步振荡的图像轮廓提取[33]

小　　结

先验知识法、数学形态法、基于梯度的方法、水平集方法都属于传统的轮廓提取方法。传统的轮廓提取方法主要运用图像的局部信息，通过定义有关图像灰度值的参量等，从而逐步确定轮廓，但各种具体方法不具有普遍适用性；活动轮廓模型方法，主要有"蛇"模型方法及其改进方法。"蛇"模型的引人之处在于，它对于范围广泛的一系列视觉问题给出了统一的解决方法，在最近的十多年中，已做了许多的改进工作，也被众多研究者成功地应用于计算机视觉的轮廓提取等领域；但由于该模型仍然利用较高层的知识，与传统的轮廓提取方法一样，还远未实现图像处理的目标。

神经动力学方法主要应用神经动力学知识，与活动轮廓模型相比，它更接近于计算视觉的底层和视觉的本能，有望成为实现图像处理目标的新方法，是未来轮廓提取研究领域的发展方向，可考虑利用神经元同步振荡对图像轮廓进行感知和检测的研究工作。依据所建立的神经动力学模型，结合脉冲同步振荡神经元对图像轮廓感知的作用，使图像理解的工作又深入了一个层次。

利用神经元之间的协同作用解决图像轮廓线的连接问题。目前关于神经元之间由协同作用而达到同步振荡的理论研究成果还较少。产生同步振荡的充要条件或更弱一步的充分条件与系统模型参数之间的关系是了解神经元之间协同作用的关键。此问题的解决对构建生物神经元网络并将之用于图像感知具有重要意义。例如，可以依据单个神经元接受输入刺激，然后累积直至特定阈值而点火释放脉冲的特点，以及阈值随着脉冲的释放先升高后递减的变化特点，结合以往人们研究神经元动力学作用时建立的模型，在二维网格节点形式的神经元模拟分布图上，就神经元之间作用关系构建新的耦合动力学作用模型。从微观上理解耦合神经元系统是怎样通过自组织而达到同步的，同步以什么形式进行，及同步在动力学上的表现特征，揭示耦合强度与同步之间的关系，以利于构建更逼真有效的耦合神经网络模型，实现图像分割过程中轮廓线的有效连接。

此外，可构建神经元网络模型以实现对图像轮廓的感知。利用神经元之间相互激励及相互抑制的特点，结合数学模型研究分析结果，构建视觉感知神经元网络模型。运用数学模型分析得到的神经元轴突脉冲频率与感知输入强度之间的动力学关系，以及达到脉冲同步发放时发放频率与各强度系数之间的关系，结合模型动力学分析中用到的耦合函数，从模型离散化实现的角度实现对视觉感知神经元活动的模拟。具体地说，可比较逼真地实现视觉神经网络结构，在特定的耦合关系下实现在相似刺激下产生同步振荡，模拟哺乳动物的视觉神经元活动，实现神经元的部分联想功能，用具有倾向性的识别模式联想类似的模式用于对轮廓线的连接。连续的轮廓处理成倾向性的识别模式，设置敏感的分类器，使两段轮廓线的间断处对应的神经元处于非激活状态，根据耦合的特性，这部分神经元在周围同步振荡作用的影响下会有一个逐步加入进来的过程，间断点处和非间断点处的灰度信息差距逐渐缩小，在数学上对应一个临界点分岔参数值，通过实现这种参数变化过程来实现轮廓线的连接。

参 考 文 献

[1] 章毓晋. 图像工程（上册）：图像处理与分析 [M]. 北京：清华大学出版社，1999.

[2] Nilsson N J. Principles of artificial intelligence [M]. Tioga, Palo Alto: Elsevier, 1980.

[3] Gerbrands J J. Segmentation of noisy images [D]. The Netherlands: Delft University of Technology, 1988.

[4] Perez P, Blake A, Gangnet M. JetStream: probabilistic contour extraction with particle [C]. Proceedings of International Conference on Computer Vision, Vancouver, 2001, II: 524 - 531.

[5] 樊鑫，梁德群. 引入形状统计先验的轮廓提起的概率方法 [J]. 计算机辅助设计与图形学学报，2005，17（4）：829 - 833.

[6] Yang J, Li X. Directionalmorphology and its application in boundary detection [C]. Proceedings of Fifth International Conference on Image Processing and its Applications, 1995, (2): 742 - 746.

[7] 姚庆梅，牛君. 一种基于方向形态学的图像轮廓提取方法 [J]. 山东大学学报（工学版），2005，35（4）：47 - 50.

[8] 吴凤和. 基于计算机视觉测量技术的图像轮廓提取方法研究 [J]. 计量学报，2007，28（1）：18 - 22.

[9] 王程，王润生. SAR 图像直线提取 [J]. 电子学报，2003，31（6）：816 - 820.

[10] 李立春，冯卫东，于起峰. 根据边缘梯度方向的十字丝目标快速自动检测 [J]. 光学技术，2004，30（3）：351 - 353.

[11] 张小虎，李由，李立春，等. 一种基于梯度方向直方图的直线轮廓提取新方法 [J]. 光学技术，2006，32（6）：824 - 826.

[12] Osher S, Sethian J. Fronts propagating with curvature dependent speed: algorithms based on the Hamilton - Jacobi formulation [J]. Journal of Computational Physics, 1988, 79 (1): 12 - 49.

[13] Caselles V, Kimmel R, Sapiro G. Geodesic active contour [J]. International Journal of Computer Vision, 1997, 22 (1): 61 - 79.

［14］Sethian J A. Level set methods and fast marching methods：evolving interfaces in compu-tional geometry，fluid mechanics，computer vision，and matrials science ［M］. Second e-dition. Cambridge：Cambridge University Press，1999.

［15］陈波，赖剑煌. 基于水平集曲线演化的目标轮廓提取 ［J］. 计算机科学，2006，33 （8）：227 - 228.

［16］Chan T F，Vese L A. Active contours without edges ［J］. IEEE Transactions on Image Processing，2001，10 （2）：266 - 277.

［17］黄福珍，苏剑波. 基于 Level Set 方法的人脸轮廓提取与跟踪 ［J］. 计算机学报，2003，26 （4）：491 - 496.

［18］Michael Kass，Andrew Witkin，Kemetri Terzopoulos. Snakes：active contour models ［C］. Proceedings of first International Conference on Computer Visison，London，1987：259 - 268.

［19］牛君，李贻斌，宋锐. 活动轮廓模型综述 ［J］. 杭州电子科技大学学报，2005，25 （3）：67 - 70.

［20］Laurent K Cohen. On active contour models and balloons ［J］. CVGIP：Image Under-standing，1991，53 （2）：211 - 218.

［21］Seok - Woo Jang. Shaking snakes using color edge for contour extraction ［C］. Proceed-ing of International Conference on Image Processing，2002，9 （2）：817 - 820.

［22］Xu C，Prince J L. Snakes，shapes and gradient vector flow ［J］. IEEE Transaction on Image Processing，1998，7 （3）：359 - 369.

［23］V Caselles，R Kimmel，G Sapiro. Geodesic active contours ［C］. Proceedings of Fifth International Conference on Computer Vision，1995，（3）：694 - 699.

［24］Thomas Lindblad，Jason M Kinser. Image Processing Using Pulse - Coupled Neural Net-works ［M］. 2nd Edition. London：Springer，2005.

［25］David JField，Anthony Hayes，Robert F Hess. Contour integration by the human visual system：evidence for a local "Association Field" ［J］. Vision Research. 1993，33 （2）：173 - 193.

［26］Christoph Vonder Malsburg. Models of neural networks series：phisics of neural net-works. New York：Spring - Verlag，1994：95 - 119.

［27］Vonder Malsburg C，Schneider W. A neural cocktail - party processor ［J］. Biological Cybernetics，1986，54 （1）：29 - 40.

［28］Andreas K Engel，Peter Konig，Wolf Singer. Direct physiological evidence for scene seg-mentation by temporal coding ［J］. Proceedings of the National Academy of Sciences，USA，1991，88 （20）：9136 - 9140.

［29］Singer W. Neuronal synchrony：a versatile code for the definition of relations? ［J］. Neu-ron，1999，24 （1）：49 - 65.

［30］Hubel D H，Wiesel T N. Receptive fields，binocular interaction and functional architec-ture in the cat's visual cortex ［J］. Journal of Physiology，1962，160：106 - 154.

［31］Li Zhaoping. A neural model of contour integration in the primary visual cortex ［J］. Neu-ral Computation，1998，10 （4）：903 - 940.

[32] Shih – Cheng Yen, Leif H Finkel. Extraction of perceptually salient contours by striate cortical networks [J]. Vision Research, 1998, 38 (5): 719 – 741.

[33] Etienne Hugues, Florent Guilleux, Olivier Rochel. Contour detection by synchronization of integrate – and – fire neurons [C]. Proceedings of the Second International Workshop on Biologically Motivated Computer Vision, 2002: 60 – 69.

第 8 章

图像边缘检测方法研究

传统的图像边缘检测方法虽然计算简单，运算速度快，但在抗噪性能和边缘定位方面往往达不到满意的效果。许多新的边缘检测方法，虽然各有其优点，但通常计算量比较大。改进传统的检测方法，有很大的发展潜力。结合形态学方法，改进 Prewitt 图像边缘检测方法。经过实例验证，改进方法检测的边缘更清晰、线条更完整，抗噪声性能良好。

8.1 基本概念及现状简介

具有不同灰度值的两相邻区域之间总存在边缘，边缘广泛存在于目标与背景之间、目标与目标之间、基元与基元之间。所谓边缘，是指周围像素灰度有阶跃变化或屋顶变化的那些像素的集合，边缘反映的是图像灰度的不连续性，是图像的最基本特征。边缘检测是图像分割、形状特征提取和匹配，以及纹理分析等图像分析的重要基础。传统的边缘检测方法有 Robert、Sobel、Canny、Log、Laplacian、Prewitt 等，虽然计算简单，运算速度快，但由于边缘检测问题固有的复杂性，使这些方法在抗噪性能和边缘定位方面往往得不到满意的效果[1,2]。

因此，一方面，人们提出了许多新的边缘检测方法，这些方法虽然各有其优点，但通常计算量比较大，运算比较复杂。例如，数学形态学法[3]可以较好地提取出物体的边缘，但由于噪声的存在，会将噪声点误检为图像边缘点；小波变换法[4]应用于图像边缘检测具有较强的理论性，但边缘不连续，抑制噪声能力弱；神经网络法[5]收敛速度较慢，容易收敛于局部极值，数值稳定性差，且不容易调整参数；模糊检测法[6]的优势在于自身是数学基础，但运算复杂，增加对比的同时，也增加了噪声；遗传算法检测法[7]计算量大、速度慢；此外，还有中介边缘检测法[8]等。

另一方面，人们同时也在对传统检测方法进行改进。对传统检测方法的改进一直是图像处理领域中的研究热点，经过改进的边缘检测方法，有很大的发展潜力。例如，采用阈值方法并结合改进的数学形态学法的边缘检测方法[9]，基于小波变换与 Canny 融合的图像边缘检测方法[10]，以及 Roberts 算子的改进方法[11] 等。

8.2 Prewitt 边缘检测方法和形态学边缘检测方法

8.2.1 Prewitt 边缘检测方法

Prewitt 边缘检测方法是一种一阶微分算子的边缘检测方法。它利用像素点上下、左右邻点的灰度差，在边缘处达到极值检测边缘，去掉部分伪边缘，对噪声具有一定的平滑作用。其原理是在图像空间利用两个方向模板与图像进行邻域卷积来完成的，这两个方向模板分别用于检测水平、垂直边缘。

对数字图像 $f(x, y)$，Prewitt 算子的定义如下

$$G(i) = | [f(i-1,j+1) + f(i,j+1) + f(i+1,j+1)] \\ - [f(i-1,j-1) + f(i,j-1) + f(i+1,j-1)] |$$

$$G(j) = | [f(i-1,j-1) + f(i-1,j) + f(i-1,j+1)] \\ - [f(i+1,j-1) + f(i+1,j) + f(i+1,j+1)] |$$

$$P(i,j) = \max[G(i), G(j)] \text{ 或 } P(i,j) = G(i) + G(j)$$

算子模板如下

$$\boldsymbol{G}_x = \begin{bmatrix} 1 & 1 & 1 \\ 0 & 0 & 0 \\ -1 & -1 & -1 \end{bmatrix} \quad \boldsymbol{G}_y = \begin{bmatrix} -1 & 0 & 1 \\ -1 & 0 & 1 \\ -1 & 0 & 1 \end{bmatrix}$$

Prewitt 边缘检测方法容易造成边缘点的误判，因为许多噪声点的灰度值也很大，而且对于幅值较小的边缘点，其边缘反而丢失了。

8.2.2 形态学边缘检测方法

数学形态学是建立在严格数学理论基础上的学科，目前已成为图像处理的一个重要研究领域。其基本思想是用具有一定形态的结构元素去量度和提取图像中的对应形状，以达到对图像分析和识别的目的。数学形态学是由一组形态学的代数运算子组成的，它的基本运算包括膨胀、腐蚀、开运算和闭运算。利用基本运算推导和组合成的各种数学形态学实用算法，可以进行图像边缘检测。

设 $f(x, y)$ 为输入的灰度图像，定义域是 D_f，$b(s, t)$ 是结构元素，定义

域是 D_b，则结构元素定义域是 b 对灰度图像 f 的形态学基本运算定义如下：

（1）灰度形态膨胀运算式为

$$(f \oplus b)(x,y) = \max\{f(x-s,y-t)+b(s,t) \mid (x-s,y-t) \in D_f;(s,t) \in D_b\}$$

对灰度图像的膨胀运算，把图像周围的点并入图像中，可以连接图像中的断续点和填充图像中的孔洞。

（2）灰度形态腐蚀运算式为

$$(f \ominus b)(x,y) = \min\{f(x-s,y-t)-b(s,t) \mid (x-s,y-t) \in D_f;(s,t) \in D_b\}$$

对灰度图像进行腐蚀运算，可消除图像边界及边界上的突出部分，用于从一幅图像中消除一些小且无意义的目标。

此外，还有灰度形态的开、闭运算。

根据形态学的基本操作，用"边缘"来表示图像的边缘检测结果，"膨胀"表示用形态学膨胀操作的结果，"腐蚀"表示用形态学腐蚀操作的结果，那么膨胀腐蚀边缘检测方法可以表示为

边缘＝膨胀－腐蚀

图 8.1 所示为膨胀腐蚀边缘检测方法的直观示意图，该检测方法的优点是可免受噪声的影响，具有无方向倾向性，抗扰能力强；缺点是容易产生虚假边，得到结果精准度比较低。

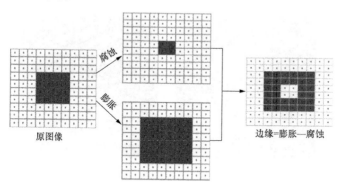

图 8.1　膨胀腐蚀边缘检测方法示意图

8.3　改进的图像边缘检测方法

由于 Prewitt 算子只能检测纵向右侧和横向上侧边缘，往往丢失纵向左侧与横向下方边缘，本章对原算子进行改造，提出能检测纵向左侧与横向下方边缘的算子。因此，在原有两个算子的基础上增加两个算子的运算，可以得到纵向

左、右侧，以及横向上、下方的边缘，即完整地检测出物体的边缘。同时，对形态学方法进行改进，并利用它进行杂点的处理。

8.3.1 Prewitt 算子及其改进

分析 Prewitt 算子的两个模板。从模板 G_x 整体分布看，分布方式为上下结构，对横向边缘比较敏感，模板内部的正值主要在上方，可得到较好的物体上方边缘。从模板 G_y 分布来看，它的分布呈现左右结构，对纵向的边缘比较敏感，模板内部的正值主要在右侧，对物体边缘的右侧边缘检测比较突出。图 8.2 (a)、(b) 分别为 G_y、G_x 对原图像进行操作的结果。其中图 8.2 (a) 的纵向边缘右侧得到增强，但纵向边缘左侧不突出；图 8.2 (b) 的横向边缘上方得到增强，但横向边缘下方不突出，这在很大程度上影响到检测效果。

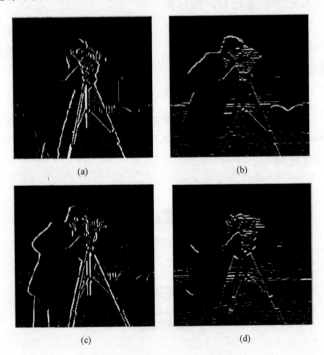

图 8.2 Prewitt 算子边缘检测结果

(a) G_y 对图操作；(b) G_x 对图操作；(c) G_{xb} 对图操作；(d) G_{yl} 对图操作

为了增强图像边缘的纵向左侧和横向下方，设计算子模板 G_{xb}、G_{yl} 为

$$G_{xb} = \begin{bmatrix} -1 & -1 & -1 \\ 0 & 0 & 0 \\ 1 & 1 & 1 \end{bmatrix} \qquad G_{yl} = \begin{bmatrix} 1 & 0 & -1 \\ 1 & 0 & -1 \\ 1 & 0 & -1 \end{bmatrix}$$

利用这两个算子对图像进行操作，分别得到图 8.2（c）、（d）所示图像。从图中可以看出，对图像边缘的纵向左侧和横向下方都得到增强。另外，为减小图像边缘的损失，先进行过滤再二值化处理。

图 8.3（a）、（b）分别是运用 Prewitt 原有两个算子 G_x 和 G_y，以及新增 2 个算子 G_{xb}、G_{yl} 的运算结果。可以看出，改进后的 Prewitt 方法检测边缘更完整，改进后的人物头部、腰部和腿部边缘更加连续，没有丢失边缘，效果得到改善。

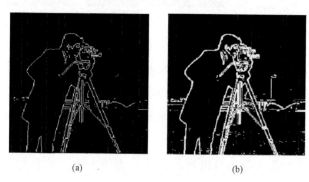

图 8.3　Prewitt 改进前后检测结果

(a) 改进前；(b) 改进后

8.3.2　改进的形态学边缘检测方法

膨胀是指在图像中的对象边缘增加像素，而腐蚀是指删除图像中对象的边缘。膨胀腐蚀算法是通过膨胀后的图像减去腐蚀后的图像得到图像的边缘。该算法的优点是能免受噪声的影响，具有无方向倾向性，抗干扰能力强。缺点是容易产生虚假边，得到结果精准度比较低。不同结构的膨胀结构元素噪声去除能力也不尽相同。这里的膨胀结构元素是一个 3×3 的正方形，主要考虑易于实现。为提高检测边缘的精细度，只选用图像的膨胀操作，用图像膨胀后的结果减去原图图像，然后进行二值化，具体过程如图 8.4 所示。分别用膨胀腐蚀算法和改进的膨胀腐蚀算法进行边缘检测，结果如图 8.5（a）、（b）所示。从检测结果可看出，原膨胀腐蚀算法，对人物图像灰度跃迁小的边缘依然存在丢失的情况，人物腰部边缘丢失比较明显，改进的膨胀腐蚀算法效果更好，边缘清晰。

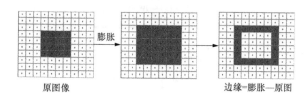

图 8.4　膨胀腐蚀边缘检测方法示意图

(a)   (b)   (c)

图 8.5　膨胀腐蚀算法和改进的膨胀腐蚀算法检测结果

（a）原膨胀腐蚀算法；（b）改进的膨胀腐蚀算法；（c）去除杂点后

8.3.3　去除杂点方法

由图 8.5（b）可以看到，改进的膨胀算法检测结果尽管好于未改进算法，但还是出现一些杂点。通过实验还发现，在改进算法中，对虚弱的灰度跃迁仍然比较敏感，产生除人物边缘以外的边缘，为使人物边缘更加突出，进行进一步的去杂点处理，提出以下处理方法

$$P(i,j) = f(i,j)f(i,j+1) + f(i,j)f(i+1,j) - f(i,j)f(i,j+1)f(i+1,j)$$

图 8.5（b）去除杂点杂边后的结果如图 8.5（c）所示，表明去除杂点算法效果明显。

8.3.4　形态学方法与 Prewitt 方法的结合

形态学方法和 Prewitt 检测方法各有其有缺点，单一的边缘检测方法只能从一个方面反映图像的边缘信息，结合二者优点，将会有效地改善边缘检测效果。Prewitt 算子经过改进后增强了人物图像的纵向左侧边缘和横向下方边缘，但是 Prewitt 算子自身仍然存在易造成边缘点的误判，易受噪声的影响，抗干扰能力差。为了弥补这些不足，结合形态学边缘检测方法的抗扰能力强、不易受噪声的影响，且边缘定位准确、无方向倾向性等优点，将使传统的边缘检测方法得到有效的改进。具体的结合方法是两种算法结果二值化后，进行逻辑分析或运算。本章采用图 8.6 所示的处理过程把两种方法结合起来。

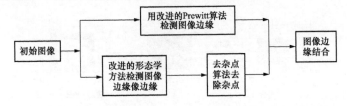

图 8.6　基于形态学和 Prewitt 算子相结合的图像边缘检测框图

8.4　边缘检测改进方法的实验及分析

下面针对边缘清晰图像、不清晰图像以及光线不正常图像（曝光不足和曝光过度）这三种图像的检测实验，验证该方法的有效性。图 8.7 所示为边缘清晰的原图，以及各种方法的检测结果。与其他方法相比，本章所提出的算法检测的边缘更清晰、线条更完整。例如，人物的左腿部背部的检测结果基本连续，而 Roberts 和 Sobel 算子检测结果图中呈现点状不连续，这表明在检测边缘的连续性方面优于以上两种算子，比 Prewitt 和 Canny 算子检测结果图的杂点更少。由于灰度变化不明显的区域（人物的臀部）的灰度与地面的灰度值接近，导致各方法都无法检测出边缘。

图 8.8 所示同样为边缘清晰的图像以及各种方法的检测结果。由检测图可看出，本章的算法比其他的方法检测结果图的边缘更清晰，且边缘线条更加完整。图 8.9 则

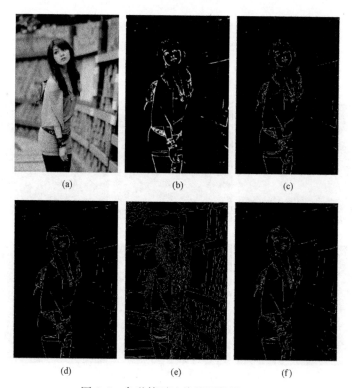

图 8.7　各种算子边缘检测结果（一）

(a) 原图；(b) 本章算法；(c) Roberts 算子；(d) Prewitt 算子；

(e) Canny 算子；(f) Sobel 算子

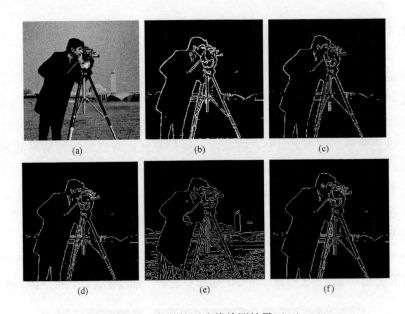

图 8.8　各种算子边缘检测结果（二）

（a）原图；（b）本章算法；（c）Roberts 算子；（d）Prewitt 算子；

（e）Canny 算子；（f）Sobel 算子

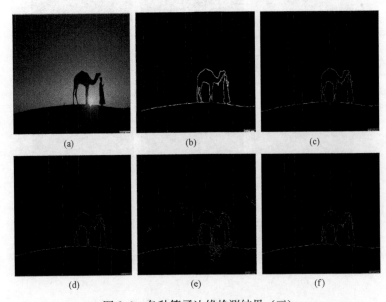

图 8.9　各种算子边缘检测结果（三）

（a）原图；（b）本章算法；（c）Roberts 算子；（d）Prewitt 算子；

（e）Canny 算子；（f）Sobel 算子

是光线不正常时获取的图像,主要检测强光对边缘检测的影响,从结果可知本章算法比其他算法检测的边缘更清晰,强光处的边缘也更完整。图 8.10 属于图像光线不正常的图片,检测曝光不足对边缘检测的影响,本章算法检测结果图比其他方法检测结果图的边缘更清晰,检测到的边缘多于 Roberts,Prewitt 和 Sobel 算子,在光线昏暗的照片 Canny 算子检测到的边缘比较多,但是产生的杂边也是最多的。

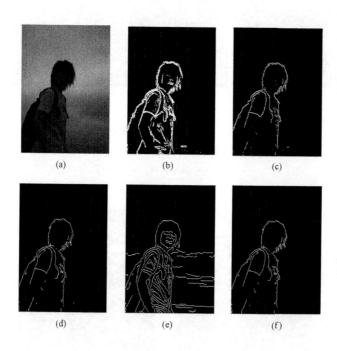

图 8.10　各种算子边缘检测结果(四)

(a)原图;(b)本章算法;(c)Roberts 算子;(d)Prewitt 算子;

(e)Canny 算子;(f)Sobel 算子

　　图 8.11 是边缘不清晰的图像,图中人物边缘不清晰,从图中可以看出,本章算法依然呈现出比较清晰的边缘。图 8.12 是图中加入椒盐噪声时的检测结果图。从图中可以看出,椒盐噪声对本章算法基本没有影响,图像的边缘依然是连续的。图 8.13 为加入高斯噪声时的检测结果图。从图中可以看出,高斯噪声,虽然对本章算法有一定影响,损失部分边缘,但影响效果不如 Roberts 和 Prewitt 算法明显。所以在抗噪声性能方面,本章所提出的检测方法比 Roberts 及 Prewitt 算子效果更佳。

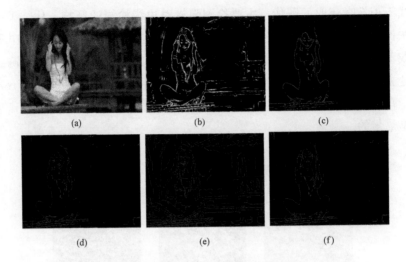

图 8.11　各种算子边缘检测结果（五）

（a）原图；（b）本章算法；（c）Roberts 算子；（d）Prewitt 算子；

（e）Canny 算子；（f）Sobel 算子

图 8.12　添加椒盐噪声时各种算子边缘检测结果

（a）原图；（b）本章算法；（c）Roberts 算子；（d）Prewitt 算子

174

图 8.13　添加高斯噪声时各种算子边缘检测结果

（a）原图；（b）本章算法；（c）Roberts 算子；（d）Prewitt 算子

小　　结

　　传统的边缘检测方法虽然计算简单，运算速度快，但由于边缘检测问题固有的复杂性，使这些方法在抗噪性能和边缘定位方面往往得不到满意的效果。例如，Prewitt 算子检测方法的容易造成边缘点的误判，易受噪声点的影响，抗干扰能力差。许多新的边缘检测方法，各有其优点，但通常计算量比较大，运算比较复杂。数学形态学边缘检测方法则是抗干扰能力强，不易受噪声的影响，但精细度不够。对传统检测方法进行改进，有很大的发展潜力。单一的边缘检测方法只能从一个方面反映图像的边缘信息，为了综合不同方法的优点，本章提出一种基于形态学和 Prewitt 算子相结合的图像边缘检测方法，经过实例比较验证，检测的边缘更清晰、线条更完整，而且杂点少、抗噪声性能良好。

参　考　文　献

[1] 陈武凡. 小波分析及其在图像处理中的应用 ［M］. 北京：科学出版社，2002.

[2] 杨淑莹. Vc＋＋图像处理程序设计 [M]. 北京：清华大学出版，2005.

[3] Haralic R M，Sterneberg S R，Zhuang Xin‒hua. Image analysis using mathematical morphology [J]. IEEE Transactions on Pattern Analysis and Machine Intelligence. 1987，9 (4)：532‒550.

[4] Maliat S，Hwang W L. Singularity detection and processing with wavelets [J]. IEEE Transactions on Information Theory，1992，38 (2)：617‒643.

[5] 肖锋. 基于 BP 神经网络的数字图像边缘检测算法的研究 [J]. 西安科技大学学报，2005，25 (3)：372‒375.

[6] Chen Wufan，Liu Xianqing，Chen Jianjun. A new algorithm of edge detection for color image：generalized fuzzy operator [J]. Science in China (A)，1995，38 (10)：1272‒1280.

[7] 魏伟波，芮筱亭. 图像边缘检测方法研究 [J]. 计算机工程与应用，2006，42 (30)：88‒91.

[8] 周宁宁，赵正旭，翁素文. 图像的中介边缘检测方法 [J]. 中国图像图形学报，2010，15 (3)：398‒402.

[9] 厉丹，钱建生，芦楠楠，等. 图像边缘检测技术的改进 [J]. 计算机工程与应用，2010，46 (18)：164‒166.

[10] 白婷婷，邓彩霞，耿英. 基于小波变换与 Canny 算子融合的图像边缘检测方法 [J]，哈尔滨理工大学学报，2010，15 (1)：44‒47.

[11] 康牧，许庆功，王宝树. 一种 Roberts 自适应边缘检测方法 [J]. 西安交通大学学报，2008，42 (10)：1240‒1244.

第 9 章

光纤安防监测信号的特征
提取与识别研究

光纤安防监测系统信号的特征提取与识别方法是当前的研究热点。光纤振动信号的随机性、非平稳性以及各种信号的相似性，导致信号的识别容易产生误报现象。识别入侵事件类型的关键是信号的特征提取和高效的识别方法。本章对光纤振动信号的各种特征提取方法和识别方法进行分析和比较，把特征提取方法分为基于小波分解的特征提取法、基于其他分解模型的特征提取方法和基于波形统计参数的特征提取法；把对光纤振动信号的识别方法分为经验阈值识别方法、支持向量机识别方法和神经网络识别方法。

对挖掘机挖掘、人工挖掘、汽车行走、人员行走和噪声这五种光纤振动信号的短时过零率和能量特征进行可视化分析，提出一种实验样本的选取方法；采用二分类任务决策树模型和极速学习机（Extreme Learning Machine，ELM）算法，并根据事件的重要程度分四个阶段完成事件的识别。同时，探讨 ELM 算法中各参数对实验结果的影响。通过实验证明，该方法提高了事件的正确识别率，并大大缩短了模型训练时间。

最后对特征提取方法和识别方法进行总结和展望。

9.1 问题描述及内容简介

光纤传感和模式识别技术被用来构建新一代的安防监测系统。外界直接触及或通过承载物（如覆土、铁丝网、围栏等）传递给光纤振动传感器的各种振动行为会产生不同的光强波动信号[1]。在需要安全防范的区域敷设传感光缆后，通过传感光缆能够探测感知到来自外界对设防区域的扰动或振动。当这些区域遭受外来人员或车辆等的非正常闯入或遭到破坏时，安防系统中的探测和信号

177

处理子系统能探测到异常事件发生，并经过对这些信号采集、传输、分析及处理，结合入侵事件类型模式识别技术，以及白光干涉技术、长距离扰动定位技术，可以对安防区域进行持续、实时监测和安全定位，从而进行提前预警，对安防区域起到保护作用。因其具有定位精确度高、监测距离长、智能识别能力强、反应速度快、综合成本低等优点，被广泛应用于军事基地、军用民用机场、石油天然气场站、国防边界线、监狱等重要基础设施的安防监测中。

由于振动信号的随机性、非平稳性以及某些入侵事件信号与非入侵事件信号的相似性，致使振动信号具有较大的不确定性，在对各种振动信号的识别中容易产生误报现象。因此，基于光纤振动的安防监测系统的关键是存在噪声干扰的情况下能精确地区分不同的振动事件，可采用信号处理技术和模式识别方法区分是否存在入侵信号及入侵事件类型。光纤传感振动信号的信息提取与识别成为研究热点。

本章将围绕安防监测系统中光纤振动信号的特征提取和识别展开论述，同时提出一种新的基于极速学习机（ELM）算法的光纤信号识别方法，在训练时间和识别效率都取得较好的效果。

9.2 光纤安防监测系统

9.2.1 监测系统模型

目前，光纤安防监测系统中常用马赫—泽德（M-Z）干涉仪光纤传感器，主要由三根光纤（光纤 1、光纤 2 及光纤 3）、四个耦合器（耦合器 C1、耦合器 C2、耦合器 C3 及耦合器 C4）、两个探测器（探测器 1、探测器 2）、激光器以及光电隔离器等组成。其结构如图 9.1 所示[2,3]。

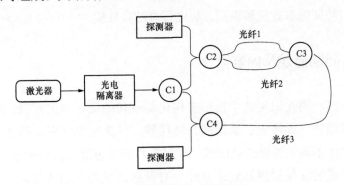

图 9.1　光纤安防监测系统模型结构

图 9.1 中，激光器作为光源发出的光学信号通过光电隔离器后被耦合器 C1
分成上、下两束相干光，其中，上束光沿着顺时针方向进入光纤 1 和光纤 2，在
耦合器 C3 处发生干涉，干涉信号经过光纤 3 传至探测器 2 进行检测，形成第一
个干涉仪；下束光则沿着逆时针方向传播，通过光纤 3，在耦合器 C2 处发生干
涉，干涉信号传至探测器 1 进行检测，形成第二个干涉仪。

通过探测器能检测到来自外界导致光纤振动的信号，探测器将此振动信号
转换为电信号送至计算机处理或保存下来。当光纤未受到外界干扰时，激光以
特定的路径传播，输出光强恒定；而当光纤受到外界入侵事件的干扰而发生振
动时，光纤长度会发生变化，光弹效应使光纤折射率发生变化，致使传播光波
的相位改变，因此干涉信号将产生很大变化。

9.2.2　光纤振动信号

基于光纤振动传感器的安防监测系统，在安防区域周围布设传感光纤，可
以直接铺设在各种铁网铁艺上，或直接埋设在各种地面甚至水下，系统以光纤
传感器为感应单元。根据外界扰动引起光纤特性的改变实现对长达上百千米距
离的大范围防区的探测。当有入侵行为发生时，通过敲击、攀爬、踩踏、触碰、
摇晃、挤压等方式使得光缆发生微小振动时，传感光纤内传输光束产生扰动。
扰动信号通过光纤传输至位于控制中心的系统主机，经过后端处理和分析，进
而完成入侵定位和入侵行为识别。但是，这种户外系统都容易受到来自环境和
人为的各种干扰因素的影响，包括刮风、暴雨以及周围的交通环境等，这对于
系统正确识别入侵事件是特别的挑战，克服这个挑战的关键是正确选择入侵事
件信号的参数特征或特征组合向量，以及识别率高、抗干扰性强的识别方法。

监测系统包括对信号预处理和实时分类两个部分[4]。其中，预处理部分是
对监测信号采用时频分析（Time Frequency Analysis）的处理方法，即分析随时
间变化的信号频率[5]。时频分布用于从选择区分不同类型信号的特征或特征
向量。

对于长距离分布的光纤传感器，监测信号通常被描述成一种非平稳的随机
信号，包括含有加性平稳随机噪声的调频信号和调幅信号，这里噪声包括光纤
相位噪声和相干瑞利噪声。

由于光纤振动信号的非平稳特性，采用时频分析对于分析和识别光纤振动
信号的特征至关重要[6]。但因不同信号之间存在相互作用，时频分布在实际应
用中受到限制。

因为光纤信号存在大量的噪声，而噪声的能量对信号的能量谱特征提取将

产生影响。在环境噪声能量较大或者输入信号能量较小时，这种影响尤为明显，甚至导致分类系统出现错误的分类，使得识别正确率下降，所以，在许多特征提取方法中对光纤信号先进行降噪处理。由于噪声的能量主要分布在高频部分，故大多数降噪算法均针对信号的高频部分进行处理。但如果高频噪声抑制得过多，也同样会抑制信号本身的高频细节，引起信号失真，从而影响信号的特征提取与识别，所以应选取合适的信号降噪算法[7]。

近年来，随着信号处理技术和模式识别方法的不断进步，光纤振动信号的识别研究取得了较大进展。这些研究主要集中在以下两个方面：①光纤信号预处理和特征提取方法，主要通过小波分析法降噪，然后提取时域或频域特征；②采用经典的分类识别方法，如神经网络方法、支持向量机方法或经验阈值法。此外，为减少噪声的影响，提高识别率，还有些方法对信号进行分帧或分段以及降噪声处理。

9.3 光纤振动信号特征提取方法研究现状

在对光纤信号预处理和特征提取方面，主要通过小波分析法降噪，然后提取时域或频域特征。对光纤信号的预处理除运用不同层次的小波分解方法之外，还有根据时频特征、谱分析、回归方程、本征模态函数分解的方法、基于基音分析特征提取法、基于傅里叶分解的特征提取法、基于门限过零率和稀疏编码的特征提取法提取相应特征，它们不是基于小波分解的提取方法。此外，还有从信号的示意图中提取信号统计特征的方法。

9.3.1 基于小波分解的特征提取法

基于小波分解的特征提取法是一种比较常见的特征提取方法。饶云江等人[8]提出一种利用小波处理对信号进行降噪和分割的方法。通过小波降噪，可保留尖锐变化的信号成分和一些微弱信号；采用 db2 小波分解，根据小波系数的标准差选择正负阈值来估计信号的边界，同时合并相同类型的边界，去掉单个独立边界，合并成对的正负边界。这样分割信号的特征包括信号边缘、峰值、长度、幅度、周期等参数。虽然一个基本的分割信号是局部的、独立的，但它们是构成报警模式的基本单位，反映了报警信号模式的部分特征。进一步地，经过大量实验和信号分析后确定单个入侵事件的报警模式，其中包含事件所有的特征。

根据信号包络中的振动信号与噪声的不同，Jiang Lihui 等人[9]提出运用基于希尔伯特变换算法对光纤信号进行预处理，通过小波阈值法去除噪声，再用小波包分解的方法提取光纤信号在不同子频带的三阶能量谱特征，选择 7 个频率参数作为信号特征向量。赵杰等人[10]利用小波包变换对光纤信号进行谱相减去噪声，通过信号端点的检测，实现信号分帧；然后对信号进行 5 层小波包分解，得到 32 个子频带的小波包系数，对这些系数进行重构之后，提取各频带内的信号分量，进而计算每个频带内的能量谱，组成能量谱特征向量。罗光明等人[11]首先从光纤的应力应变模型和马赫—泽德干涉仪出发，理论推导出分布式光纤周界安防系统的光路数学模型。在此模型上，运用小波多尺度分析方法，构造了信号在时域—频域的方差特征向量，提出了根据特征向量的不同识别各种引起光缆振动的不同激励的"尺度—方差"信号识别方法，通过实验表明该方法可以区分各种激励，即不同入侵事件引起的振动信号及其变化会反映到各频带的能量上，导致特征向量的不同。根据信号与噪声的能量在时域分布的不同，万遂人等人[7]首先对光纤信号进行小波降噪和信号分割的预处理，选用一种改进的 VisuShrink 阈值去噪法，对小波分解的每一层的高频成分进行阈值滤波处理，然后在假定振动信号段开始于一个较大的能量点，随着入侵冲击的减小，信号能量会逐渐减小的前提下，对输入信号取平方，以及均值滤波后进行归一化处理，用分析方法分割得到该时间段内一段完整的振动信号，确保每次进行特征提取的信号中只含有一段振动信号，从而提高了系统的稳定性和鲁棒性。在接下来的小波包变换中，分别对低频成分与高频成分进行 4 层小波包变换，得到 32 个小波包成分，计算各个小波包成分的总能量，形成一个 32 维的信号特征向量。

由于如何选择小波函数对信号进行分析处理目前还没有完整的理论标准，杨正理等人[4]通过大量的实验分析表明，Daubechies 系列小波适合处理光纤振动电平信号分析，因此选择 db8 小波基函数对光纤振动信号进行两层离散小波分解，并选取小波分解第二层细节系数离散值进行分析，以单一尺度细节系数作为信号特征向量。通过实验确定蓄意入侵事件的阈值，能够滤除多数风雨所造成的干扰，将蓄意入侵所产生的振动频率体现在单一尺度细节系数上。采用小波变换方法将光纤信号在不同尺度上展开，并在不同频段上提取信号特征，但是小波变换不具备平移不变性，如果信号在时域有一个延时，小波系数会发生很大的改变；另外，光纤安防监测系统是延时的，对采集的信号进行实小波变换得到的小波系数具有不准确性。

喻骁芒等人[12]利用小波阈值收缩去噪法对单一的振动信号和环境噪声进行

去噪处理，然后通过小波包分解到三层，提取基于频带能量的特征，构成三种振动信号和三种环境噪声的特征向量。杨正理等人[13]根据不同入侵事件信号在时频分布上的差异用小波能量熵测度进行描述，从而获得振动信号的特征。其过程是先采集信号的 512 个数据序列作为处理信号的时间窗，通过阈值法降噪，然后运用 db8 小波基进行 4 层小波多尺度分解，计算各尺度下不同时刻的小波能量、不同分解尺度下的小波能量谱以及小波能量熵，得到振动信号的能量熵分布，并作为光纤振动信号的特征向量。

另外，还有采用基于小波分解结合其他方法进行特征提取的方法。朱程辉等人[2]首先对采集到的原始信号进行加窗分帧处理，提取短时能量特征值和短时平均过零率特征值，采用双重阈值综合方法判断是否发生入侵事件。过零率表示在一定时间内，信号线与预定阈值线的相交次数；然后对光纤振动信号进行小波变换，把信号在不同尺度上的能量谱求解出来，将这些能量值按顺序排列起来分析信号在不同尺度上的能量分布，结合振动持续时间，形成识别振动信号的特征矢量。李凯彦等人[14]利用希尔伯特变换对信号进行包络提取并检查包络幅度，如果包络幅度在一段时间内均大于某个阈值时，确定该段信号有效，据此逐点检查，直至检测出所有有效信号段，然后结合最大能量与最高信噪比挑选出采样周期内主要振动信号的特征段，再用特征段时域持续时间和小波包能量谱构成复合特征向量。朱程辉等人[15]针对光纤周界安防系统入侵信号的非线性、非平稳性和间歇性等特点，提出了一种时域与频域特征相结合的特征提取方法。通过计算信号的饱和嵌入维数，将入侵时域信号进行分帧处理，使得单次振动信号的完整性在后续处理中不受影响；采用计算嵌入维数方法，确定信号的最小分帧长度，因而能够较好地保留信号时间序列内在的动力学特性；提出对入侵振动信号两级判定识别方法，利用短时能量和短时平均过零率特征来判断是否有振动信号产生；对确定的振动信号进行小波变换，提取信号在各尺度上的小波系数的能量分布特征作为特征向量。

9.3.2 基于其他分解模型的特征提取方法

除基于小波分解的特征提取方法之外，还有利用信号统计参量进行回归、动态规划、经验模态分解、谱分析等处理的特征提取方法，分别称作回归方程特征提取法、时频特征提取法、本征模态分解特征提取法、谱分析特征提取法；此外，还有基于基音特征分析的特征提取法、基于傅里叶分解的特征提取法，以及基于门限过零率和稀疏编码的特征提取法。

1. 回归方程特征提取法

陶沛琳等人[16]首先基于常用的信号统计特征参量，即标准差、脉冲计数、铃计数、事件持续时间、均值及方差，采用逐步引入校验方法计算每个特征参量的显著性，选取多元回归平方和最大的三个特征参量用于解释因变量，计算得到检验统计量拒绝方向的概率小于 0.001，表明特征参量能很好地解释因变量；然后，对于选取的特征参量，构建基于感知准则的判决器。计算结果发现，以脉冲数、方差和持续时间为特征向量的三种特征值，能很好地预测因变。

2. 时频特征提取法

王思远等人[17]用提取的短时过零率描述传感信号的短时平均频率，并将时频特性分段后构成相应的特征向量，通过计算短时平均频率降噪，并进行分段，再通过动态规划算法筛选出最优特征元素模型，将信号所有最优模型的参数作为信号特征向量。邹柏贤等人[18]对挖掘机挖掘、人工挖掘、汽车行走、人员行走和噪声这五种光纤振动信号的短时过零率和能量特征进行可视化分析，提出一种光纤振动信号的特征选取方法，即对过零率采样数据在采样点和时间两个维度组成的二维矩阵中，提取以中心位置对应的能量值大于阈值的 3×3 的数据块样本作为光纤振动入侵事件的描述特征，经实验数据验证，取得较好的识别效果。

3. 本征模态分解特征提取法

蒋立辉等人[19]针对光纤安防监测系统输出信号的非平稳特性，采取一种新的处理方法，在振动信号中加入 N 组均方根相等的不同白噪声，对每个混入白噪声的信号进行经验模态分解成 N 组本征模态函数（IMF）分量，再对 N 组同阶 IMF 分量计算平均值，得到 IMF 分量的一组平均值，归一化后作为描述振动信号的特征。本征模态分解方法对非平稳信号的时频分析特性优于小波方法，但存在边缘效应和模态混叠问题。

4. 谱分析特征提取法

张燕君等人[20]首先对光纤入侵原始信号进行经验模态分解去除噪声，然后对本征模态分量进行自适应小波包分解，采用阈值法处理小波分解系数，再进行小波重构信号处理，以改善信号特征提取精确度，最后采用高阶谱分析提取信号特征。

5. 基于基音分析特征提取法

毕福昆等人[21]归纳出光纤振动信号与语音信号在特征分析上的相似之处，运用语音信号中的基音提取方法进行光纤振动信号的特征分析，运用平均幅差函数检测法提取光纤振动信号的平均幅差，作为光纤振动信号识别的特征。提取振动信号的基音时，即局部最小值之间的距离差，需要确定门限阈值，这个是动态的，随不同信号的波形而变化。

6. 基于傅里叶分解的特征提取法

盛智勇等人[22]将入侵信号变换到频域并借鉴声信号的处理方法，提出一种基于能量占比特征的有害入侵事件识别算法。对采集到的振动信号进行自相关处理后傅里叶变换，并计算功率谱密度，计算各信号不同频段的能量占比，作为信号分类识别的特征。

7. 基于门限过零率和自稀疏编码的特征提取法

Liang Wang 等人[23]提出基于门限过零率和稀疏编码器的算法，提取光纤振动信号的两级特征，第一级特征提取过零率特征，以识别振动是否发生，通过第一级特征提取，降低光纤振动信号数据的维数。在发生振动的情况下，采用稀疏自编码神经网络算法提取振动信号的高维特征。

9.3.3　基于波形统计参数的特征提取法

除了上述通过基于小波分解或基于其他模型分解的方法提取信号特征之外，还有通过信号示意图等更为直观的提取信号统计特征的方法。例如，由于不同入侵事件，以及同一入侵事件不同时间内的信号的过零率也各不相同，它是检测和识别虚假警报信号以及区分入侵事件和虚警事件的基础，Seedahmed 等人[24]提取过零率在一段时间内的最小值、最大值、平均值、标准偏差等参数，构成描述入侵事件类型的特征向量，可以通过实验确定各入侵事件的特征向量范围。

Mahmoud 等人[25]提出基于信号的过零率参数表示的特征提取方法，分两步完成。首先，提出基于过零率参数表示的 4 个可配置参数，检测出光纤入侵事件。这 4 个可配置特征参数分别是触发电平（Trigger Level，TL）、含零电平的时间段个数（Zero Settle Blocks，ZSB）、零电平（Zero Level，ZL）和事件连续的最长时间（Maximum Duration of the Event，MD）。其中，触发电平表示事件被发现时的电平；含零电平的时间块个数表示含有零电平的时间段个数，用于确定入侵事件的起始和终止；零电平表示在一个时间块内所有低于零电平的电平值都看作是零，即被当作零电平的实际电平上限值；事件连续的最长时间表示连续发生事件的最长持续时间。根据这 4 个参数的预设值［TL＝5（LCs），ZSB＝5（Blocks），ZL＝0（LCs），MD＝46（Blocks）］检测出光纤入侵事件。其次，在对振动信号进行事件检测后，提取被检测入侵事件信号，提取以下用过零率 LC 表示的 5 个特征参数，即总电平交叉个数（Total Level Crossings）、被检测事件持续时间（Duration）、电平交叉表示的下降斜率（Slope of the Falling Edge of the LCs)、电平交叉表示的上升角度（Angle of the Rising Edge of the LCs）和零点个数（Number of Zeros），运用前馈神经网络中的多层感知机进行训练和测试。

Seedahmed 等人[26]分别对围栏和地下两种环境下的光纤振动信号的处理、检测、识别，以及噪声抑制等进行了探讨和研究。提取信号的以下 3 个参数：①光纤信号的连续性参数过零率，它是这是衡量光纤信号持续期间连续性的量度，可用于区分光纤入侵事件和一些虚假事件；②信号的最大振幅强度，实际上是一个信号超出给定阈值的量度，并以百分数表示，它与振幅超出给定阈值多少有关，这个阈值随具体应用而不同；③信号的最大偏差，即每个信号段的最大振幅减去该分段的振幅均值，有助于区分挖掘入侵事件和连续较长的虚假事件。由以上三个参数构成识别入侵事件的信号特征向量。

表 9.1 列出了基于小波分解的特征提取法、基于其他分解模型的特征提取法和基于波形统计参数的特征提取法三种方法的特点。

表 9.1　　　　　　　　　　三种特征提取方法的特点

特征提取方法	特　　点	实例
基于小波分解的特征提取法	需要预先设定基函数，计算复杂度为 $[O(n)]$，提取的特征维数较高，也增加了存储空间和分类识别计算复杂度。该方法适合于大部分信号，其对低频部分具有较高的频率分辨率，对高频部分具有较高的时间分辨率，很适合于探测正常信号中夹带的瞬变反常信号并分析其成分	文献 [2, 4, 7 - 15]
基于其他分解模型的特征提取法	计算复杂度各不相同：回归方程法计算复杂度 $O(n^2)$，适合于信号的特征向量能很好解释因变量的情形；时域特征提取法将频谱随时间的演变关系明确表现出来，适用于具有明显非平稳特征的故障信号识别，复杂度是 $O(1)$；本征模态分解法不需要预先设定基函数，具有自适应性，所得的本征模态分量突出了数据的局部特征，适用于非平稳性、非线性过程信号的特征提取；谱分析方法含有相位信息，可抑制高斯白噪声，能够刻画信号偏离高斯过程的信息，适用于非线性和非高斯信号特征提取，其中包含本征模态分解、小波分解及高阶谱分析等过程，复杂度可能更高，但是由于识别率一般不高，实用性受限	文献 [16 - 23]
基于波形统计参数的特征提取法	缺乏信号的模式表达细节，利用经验阈值识别，缺乏自适应性，参数特征灵敏，易出现虚假警报，计算复杂度为 $O(1)$，适用于统计特征比较明显的情形	文献 [24 - 26]

9.4　光纤振动信号识别方法研究现状

在对光纤入侵事件的识别方面，主要的识别方法有神经网络方法、经验阈值识别法及支持向量机方法，所探讨的光纤入侵事件类型各不相同，主要有人工行走、汽车行驶、攀爬光缆、敲击、切断光缆、拖拽光缆、冰雹、大风、挖掘机挖掘、人工挖掘等，目前还没有适合各种光纤振动信号的通用识别方法。因实验环境、特征提取方法、识别方法，以及研究的入侵事件本身的不同，对各种入侵事件的正确识别率差别很大。

9.4.1 经验阈值识别方法

经验阈值法方法识别光纤振动信号的特点是需要经验确定特征向量中各分量的阈值，这需通过长期实践经验的积累，因此这种方法缺乏自适应性。饶云江等人[8]根据信号的边缘、峰值、长度、幅度、周期等参数组成的信号特征，用经验阈值法识别人行走及奔跑、汽车行驶、物体跳跃这4种光纤振动事件。罗光明等人[11]通过对光纤信号的小波多尺度分解计算得到的方差特征的实验参数值及环境噪声事件的特征区间，组成不同入侵事件的识别判据，根据提取的特征识别冰雹、大风、攀爬光缆、敲击光缆以及环境噪声事件。杨正理等人[4]根据小波分解单一尺度细节系数特征，通过实验确定蓄意入侵事件的阈值，滤除多数刮风下雨等事件所造成的干扰，将蓄意入侵所产生的振动频率体现在单一尺度细节系数上，并根据小波分解的结果定位蓄意入侵的位置。识别事件有男子攀爬及弱扰动事件（下雨、来往车辆震动、飞鸟起降等）。杨正理等人[13]依据不同时刻不同分解尺度下的小波能量谱以及小波能量熵分布组成的信号特征向量，确定不同入侵事件产生的信号经验值范围，再识别入侵事件，能够区分外界轻微扰动、风雨等环境因素与蓄意入侵事件，识别无扰动、轻微扰动、中度扰动和蓄意入侵事件。朱程辉等人[15]对入侵事件的识别分为确定振动信号是否存在和进一步识别入侵事件类型这两个阶段。先提取各分帧信号的短时能量和短时平均过零率特征，与先验得到的振动信号短时能量和短时平均过零率特征进行比较，判断振动信号是否存在，以提高入侵事件的正确识别率，减小误判率；为进一步识别入侵事件类型，提取信号能量分布特征与先验特征进行比较，从而识别入侵事件类型。实验研究的入侵事件类型包括敲击栏杆、人员攀爬、大风、暴雨、飞鸟降落等典型入侵振动事件。Seedahmed等人[24]根据信号在预定时间长度内过零率的最小值、最大值、平均值、标准偏差及总数组成的特征向量，对比通实验确定的入侵事件的经验阈值范围，当信号超出事件阈值时，被认为发生入侵事件，识别的光纤入侵事件包括在地面上攀爬围栏和切割围栏。陶沛琳等人[16]基于信号的常见统计量，即标准差、脉冲计数、铃计数、事件持续时间、均值及方差，采用逐步引入校验方法提取最显著的三个特征参量：脉冲数、方差和持续时间，根据这三个特征参量的经验阈值范围，判定入侵行为的类别，对车辆行驶入侵、人员步行入侵以及跑步入侵三种入侵行为有较好的识别能力。毕福昆等人[21]对提取的光纤振动信号的平均幅差，采用门限阈值的方法区分人工镐刨、人工挖地和机械电钻、机械电镐四种入侵事件。

在采用经验阈值识别法的文献中，对各种光纤振动入侵事件的正确识别率差距很大，如文献[15]，对攀爬事件的正确识别率达到99.3%，而对鸟类着陆的识别率只有3.2%，文献[16]对车辆行驶、人员行走和跑步入侵事件的正确识别率为83.33%，而更多数文献则提出方法，但并未给出测试结果。

9.4.2 支持向量机识别方法

支持向量机方法识别光纤振动信号的特点是对大规模训练难以实施，解决多分类任务有困难，需要通过将多个向量机进行组合，实现基于向量机的多分类器，还需要选择基函数。

朱程辉等人[2]对采集到的原始信号提取短时能量和短时平均过零率特征值，首先运用双重阈值综合方法判断是否存在入侵事件；然后，对信号进行小波变换，提取小波能量谱特征，结合事件振动持续时间，用支持向量机分类算法识别入侵事件。实验研究的入侵事件类型包括敲击栏杆、人员攀爬、大风、暴雨、飞鸟降落。李凯彦等人[14]提取Hilbert变换提取信号包络，利用包络幅度、最大能量、最高信噪比确定有效信号段，由有效信号段持续时间和小波包能量谱组成复合特征向量，采用二叉树支持向量机方法识别自然噪声、光纤切断（剪网）、攀爬、大雨、大风这五种入侵事件。万遂人等人[7]根据提取信号在小波空间的能量分布的32维特征向量，用支持向量机分类器对光纤信号进行分类，研究识别非入侵信号、剪网信号、爬网信号入侵事件。蒋立辉等人[19]根据本征模态函数分解的分量特征，利用SVM及二值分类方法识别敲击光缆、攀爬围栏、汽车振动及大风入侵这四种事件。

在采用SVM识别方法的文献不多，但对入侵事件的正确识别率较高。文献[7]对这剪网和爬网两种入侵事件的正确识别率达到95%和98%；文献[14]对的正确识别率99.6%，文献[19]对攀爬、敲击及其他（风和汽车振动）入侵事件，平均识别率达92%以上。

9.4.3 神经网络识别方法

采用神经网络方法识别光纤振动信号的特点是要求较多的实验样本，而光纤振动实验环境的准备和数据采集工作量大，且神经网络模型训练时间较长，正确识别率还不能令人满意。

　　Jiang Lihui 等人[9]根据提取光纤信号的能量谱特征向量，用 BP 神经网络识别机场周围的三种入侵行为，即人工行走、汽车行走、小动物爬行。赵杰等人[10]根据小波分解的能量普特征向量，先将信号分为有害信号和无害信号两大类，采用综合考虑观测数据和确定性先验知识的 BVC－RBF 神经网络算法实现信号分类，识别人或器械对光纤的侵扰侵害光纤围栏、攀爬光纤围栏事件。喻骁芒等人[12]根据提取信号的小波三层分解能量特征向量，基于实验数据确定各特征向量的阈值范围，再运用 BP 神经网络的方法识别自然环境噪声，以及在无干扰环境下的三种入侵事件，即行人、小汽车、小动物干扰事件。

　　Liang Wang[23]在发生振动的情况下，采用稀疏自编码神经网络算法提取振动信号的高维特征，通过自编码神经网络分类器识别四种通过仿真实验的光纤入侵事件，即冲压振动、摇摆振动、短爆震和长振动。Mahmoud 等人[25]运根据提取的四个参数：触发电平、含零电平的时间块个数、零电平和事件连续的最长时间进行阈值检测，进而提取入侵事件信号的总电平交叉个数、事件持续时间、信号示意图的下降斜率和上升角度还有零点个数，用前馈神经网络中的多层感知机进行入侵光纤信号数据的训练和测试，研究识别攀爬围栏、切割围栏、扔石头、拖拽这四种入侵事件。Seedahmed 等人[26]通过信号的过零率特征抑制因暴雨引起的虚假警报，根据信号的过零率、最大振幅强度、信号振幅的最大偏差组成的特征向量，利用神经网络及决策二叉树方法识别手工挖掘、过往交通车辆，以及道路交叉口这三种入侵地下光纤事件。王思远等人[17]根据光纤振动信号的短时平均频率和时间特征，建立相应的特征元素模型，使用动态时间规划算法进行模型筛选处理，根据欧式最短距离选择最优模型，利用人工神经网识别四种对光纤损伤事件。张燕君等人[20]根据对处理信号的高阶谱分析提取的特征，使用粒子群优化后的支持向量机和反向传播神经网络进行信号分类，利用仿真光纤入侵信号进行验证。

　　在采用人工神经网络识别方法的文献中，文献[9]对人员行走、汽车行走、动物爬行这三种入侵事件的正确识别率是 96.8%；文献[12]对人员行走、小汽车、小动物行走事件的正确识别率是 96.9%；文献[17]对四类入侵事件（敲打、拉伸、摇晃、踩踏）的平均识别准确度在 97%；而文献[24]对扔石头和攀爬这两种入侵事件的识别率分别是 100% 和 50%。

此外，盛智勇等人[22]对提取的光纤振动信号的各频段的能量占比，采用线性判别分析分类器识别人工走路振动、人工作业信号和机械信号。

表 9.2 列出了经验阈值识别法、支持向量机识别法和神经网络识别法三种识别方法的特点。

表 9.2　　　　　　　　　　　三种识别方法的特点

识别方法	特　　点	实例
经验阈值识别法	需要积累相关经验才能确定特征向量中各分量的阈值，缺乏自适应性，适用于信号变化比较平稳的情形	文献[4, 8, 11, 13, 15, 16, 21, 24]
支持向量机识别法	对大规模训练难以实施，解决多分类有困难，一般只用于二分类，但需要通过将多个向量机进行组合实现基于向量机的多分类器。需要凭经验选择核函数。当 N（N 为样本数）数目很大时 SVM 的存储和计算将耗费大量的机器内存和运算时间，计算复杂度 $O(N^3)$	文献[7, 14, 19]
神经网络识别法	应用比较广泛，要求较多的实验样本，而光纤振动实验环境的准备和数据的采集工作量大。该算法不易解释，由于神经元的数目较多，神经网络模型训练时间较长，在训练过程中往往需要对一些参数进行人为的调整。目前对光纤振动信号的正确识别率还不能令人满意	文献[9, 10, 12, 17, 20, 23, 25 - 26]

9.5　基于 ELM 算法的光纤振动信号识别

9.5.1　5 种事件的光纤振动信号特征

对于光纤安防监测系统，大部分时间均工作在正常状况，通常其受到蓄意入侵只是短暂的一段时间。光纤振动事件的主要特征是：①振动的短时性，振动多为持续时间很短的事件；②能量特征多为突发振动，振动信号的短时分析法主要包括短时过零率、短时平均能量等方法[27]。

设信号序列为 $x(n)$，$n=0$，$\cdots$，$N-1$，N 为窗函数长度，短时平均能量（以下简称能量）函数定义为

$$E_n = \sum_{i=-\infty}^{+\infty} \left[x(i)\omega(n-i) \right]^2$$

当 $n=M-1,\cdots,N-1,\omega(n)$ 为窗函数序列，短时平均能量通常应用于语音信号的识别中。

数字信号的相邻两个取样具有不同符号时，称为出现过零，单位时间过零

的次数叫做过零率。过零率的计算公式为

$$ZCR(n) = \sum_{i=1}^{N-1} |x_n(i) - x_n(i-1)|$$

短时过零率（以下简称过零率）是一个粗略反映信号频谱特性的时域指标。

挖掘机挖掘、人工挖掘、汽车行走、人员行走和噪声这五种光纤振动事件引起的光纤振动信号，如图 9.2～图 9.6 所示。在各图中，图（a）均为过零率信号图，图（b）均为能量信号图。横坐标是采样的物理位置点，相邻采样点间隔距离为 1m，纵轴表示采样次数，采样时间间隔为 426ms。

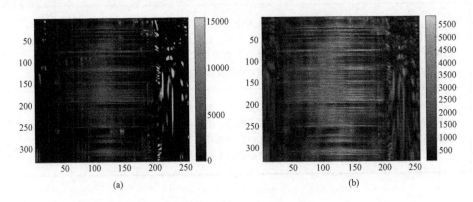

图 9.2　挖掘机挖掘事件的光纤振动信号图

（a）过零率；（b）能量

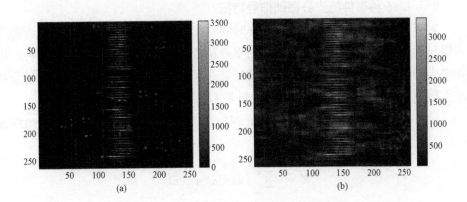

图 9.3　人工挖掘事件的光纤振动信号图

（a）过零率；（b）能量

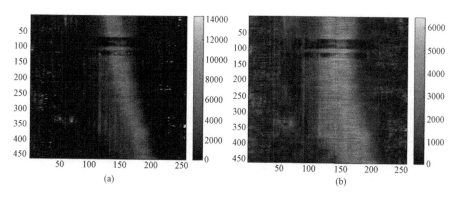

图 9.4　汽车行走事件的光纤振动信号图

（a）过零率；（b）能量

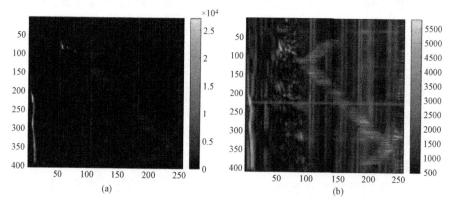

图 9.5　人员行走事件的光纤振动信号图

（a）过零率；（b）能量

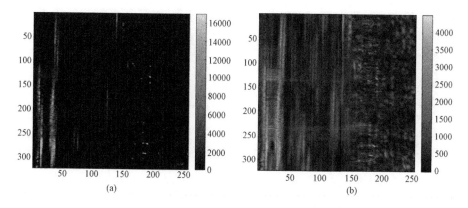

图 9.6　噪声事件的光纤振动信号图

（a）过零率；（b）能量

从图 9.2~图 9.6 中可以看出，光纤传感器在未受外界事件影响的情况下，光纤信号的短时能量和短时平均过零率都很小；而当有外界信号引起光纤振动时，光纤信号的幅值和振动频率均会增加，此时短时能量和短时平均过零率将会变大；对于微弱振动信号短时能量幅值变化不大，但短时平均过零率与正常无干扰信号有较大差别。综上分析，短时能量和短时平均过零率的大小客观地反映了光纤信号是否有入侵事件导致光纤振动，可将其作为评判光纤振动信号的时域特征；而且对于不同事件引起的振动在过零率和能量上存在一定的差异，可将其作为模式分类的依据。

9.5.2　信号的特征提取

根据上述分析，探索多种特征选择方法。当采用下述特征提取方法时，取得良好的识别效果：对五种光纤入侵事件产生的光纤振动信号数据分别在各类光纤入侵事件产生的能量数据中，选取中心点超过某个域值的方形区域 $n \times n$（$n = 3$，5，7，…）内的数据块，以及在过零率数据中相同位置和时间的 $n \times n$ 过零率数据块，将二者结合起来组成 $1 \times (2 \times n \times n)$ 维的特征向量，作为识别算法的实验样本。

9.5.3　信号的特征样本

按照上述特征提取方法，提取五种入侵事件振动信号的过零率特征和能量特征。图 9.7~图 9.11 所示从各事件的光纤振动信号中，随机选取的过零率特征样本和能量特征样本示意图。在各图中，图（a）均为过零率特征样本，图（b）均为能量特征样本，图中一个小方块代表一个 3×3 的特征样本，每幅图共有 20×20 个这样的小方块。

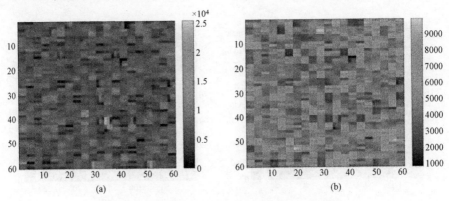

图 9.7　挖掘机挖掘的光纤振动信号特征样本

（a）过零率特征样本；（b）能量特征样本

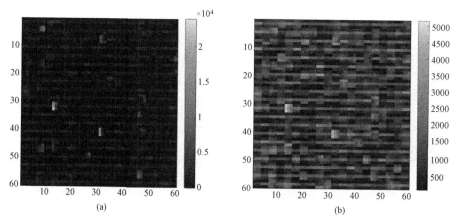

图 9.8 人工挖掘的光纤振动信号特征

（a）过零率特征样本；（b）能量特征样本

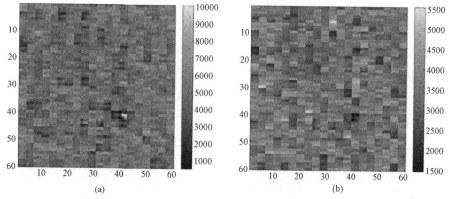

图 9.9 汽车行走的光纤振动信号特征

（a）过零率特征样本；（b）能量特征样本

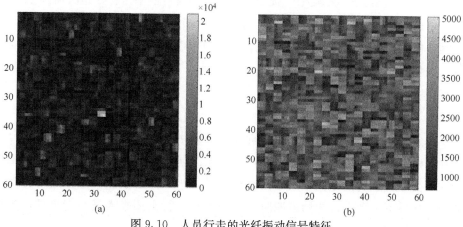

图 9.10 人员行走的光纤振动信号特征

（a）过零率特征样本；（b）能量特征样本

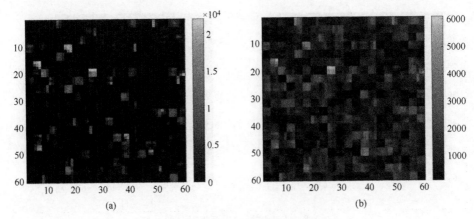

图 9.11　噪声的光纤振动信号特征

（a）过零率特征样本；（b）能量特征样本

从图 9.7～图 9.11 中可以看出，不同事件引起的过零率特征样本和能量特征样本不同。这是采用机器学习方法识别事件类型的实践依据。

9.5.4　基于 ELM 算法的信号识别

在挖掘机挖掘、人工挖掘、汽车行走、人员行走和噪声这五种事件中，按照事件的危害或重要程度，可分为三个等级：①重要的破坏事件，包括挖掘机挖掘、人工挖掘；②一般的人为事件，包括汽车行走、人员行走；③不重要的噪声事件。因此，采用二分类任务决策树模型，每个节点识别任务采用 ELM 算法进行二分类。

ELM 是一种简单易用、有效的单隐层前馈神经网络学习算法，是 2004 年由南洋理工大学黄广斌等人[28]提出的。传统的神经网络学习算法需要人为设置大量的网络训练参数，并且很容易产生局部最优解。极速学习机只需要设置网络的隐层节点个数，在算法执行过程中不需要调整网络的输入权值以及隐元的偏置，并且产生唯一的最优解，因此具有学习速度快且泛化性能好的优点。

1. 二分类任务决策树模型

二分类任务决策树模型分四个阶段完成识别任务。第一阶段任务是区分是否存在破坏事件，如果是破坏事件，进行第二阶段的任务，将挖掘机、人工挖掘这两类事件识别出来；如果不是破坏事件，进入第三阶段，区分是否为常见噪声；如果不是噪声，开始第四阶段，识别汽车行走还是人员行走事件，光纤振动信号识别过程如图 9.12 所示。

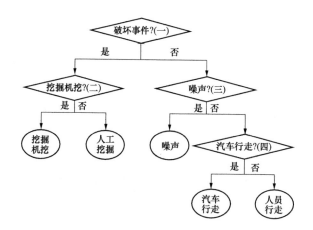

图 9.12　光纤振动信号识别过程图

2. ELM 算法

对于 N 个任意的各个不同的样本（$\boldsymbol{x}_i$，$\boldsymbol{y}_i$），其中 $\boldsymbol{x}_i = [x_{i1}, x_{i2}, \cdots, x_{in}]^{\mathrm{T}} \in R^n$，$\boldsymbol{y}_i = [y_{i1}, y_{i2}, \cdots, y_{in}]^{\mathrm{T}} \in R^m$，则一个具有 L 个隐层节点，激励函数为 $g(x)$ 的前馈神经网络的输出可以统一模型表示为

$$f_L(x) = \sum_{i=1}^{L} \boldsymbol{\beta}_i G(\boldsymbol{a}_i \cdot \boldsymbol{x}_i + b_i)(\boldsymbol{x}_i \in R^n, a_i \in R^n, \beta_i \in R^m)$$

其中，$\boldsymbol{a}_i = [a_{i1}, a_{i2}, \cdots, a_{in}]^{\mathrm{T}}$ 是输入层到第 i 个隐层节点的输入权值向量，b_i 是第 i 个隐层节点的偏置（bias）；$\boldsymbol{\beta}_i = [\beta_{i1}, \beta_{i2}, \cdots, \beta_{in}]^{\mathrm{T}}$ 是连接第 i 个隐层节点的输出权值；$a_i \cdot x_i$ 表示向量 a_i 和 x_i 的内积。激励函数 $g(x)$ 可以选择为 "Sigmoid" "Sine" 等。

如果这个具有 L 个隐层节点的前馈神经网络能以零误差逼近这 N 个样本，则存在 $\boldsymbol{a}_i$，$\boldsymbol{b}_i$，$\boldsymbol{\beta}_i$，使

$$f_L(x) = \sum_{i=1}^{L} \boldsymbol{\beta}_i G(\boldsymbol{a}_i \cdot \boldsymbol{x}_i + b_i) = y_i (i = 1, 2, \cdots, L) \tag{9.1}$$

式（9.1）可以化简为 $\boldsymbol{H\beta} = \boldsymbol{Y}$，其中

$$\boldsymbol{H}(a_1, a_2, \cdots, a_L, b_1, b_2, \cdots, b_L, x_1, x_2, \cdots, x_L) =$$

$$\begin{vmatrix} g(a_1 \cdot x_1 + b_1) & g(a_2 \cdot x_1 + b_1) & \cdots & g(a_L \cdot x_1 + b_L) \\ g(a_1 \cdot x_2 + b_1) & g(a_2 \cdot x_2 + b_2) & \cdots & g(a_L \cdot x_2 + b_L) \\ \vdots & \vdots & \cdots & \vdots \\ g(a_1 \cdot x_L + b_1) & g(a_2 \cdot x_L + b_2) & \cdots & g(a_L \cdot x_L + b_L) \end{vmatrix}_{N \times L}$$

$$\boldsymbol{\beta}=\begin{vmatrix}\boldsymbol{\beta}_1^{\mathrm{T}}\\\boldsymbol{\beta}_2^{\mathrm{T}}\\\vdots\\\boldsymbol{\beta}_L^{\mathrm{T}}\end{vmatrix};\quad\boldsymbol{Y}=\begin{vmatrix}\boldsymbol{y}_1^{\mathrm{T}}\\\boldsymbol{y}_2^{\mathrm{T}}\\\vdots\\\boldsymbol{y}_L^{\mathrm{T}}\end{vmatrix}_{N\times M}$$

$\boldsymbol{H}$ 被称为网络的隐层输出矩阵，在极速学习机算法中，输出权值和偏置可以随机给定，隐层矩阵 $\boldsymbol{H}$ 就变成一个确定的矩阵，这样前馈神经网络的训练就可以转化成一个求解输出权值矩阵的最小二乘解的问题，只需要求出输入权值的最小二乘解就能完成网络的训练。输出权值矩阵 β 计算式为

$$\hat{\boldsymbol{\beta}}=\boldsymbol{H}^+\boldsymbol{Y}$$

这里 $\boldsymbol{H}^+$ 表示隐层输出矩阵 $\boldsymbol{H}$ 的 Moore‐Penrose 广义逆矩阵。

9.6　光纤振动信号检测实验及分析

首先考虑样本选取大小对识别率的影响、ELM 算法中不同激励函数对识别率的影响，以及隐层神经元数量对识别率的影响。各种事件的样本总数 42012 个，2/3 用于训练，其余作为测试样本。实验环境如下：联想笔记本电脑 Y400、内存 12GB、120G 固态硬盘、操作系统是 Windows 10 专业版。采用 Matlab（r2016a 版）作为计算工具。

9.6.1　确定 ELM 参数

按照上述光纤振动信号的特征样本选取方法，探讨不同大小的数据块作为实验样本对实验结果的影响。同时，考虑到 ELM 算法中，有两个待定参数，即隐层神经元个数和激励函数，将通过实验分析它们对实验结果的影响，用于在后续实验中的参数设置。

1. 不同大小样本数据块的实验

首先考虑不同大小的数据块作为实验样本（简称样本数据块）对实验结果的影响。为此，在进行识别任务的第一阶段，即识别破坏事件与非破坏事件中，按照前文所述的样本选取方法，分别提取 3 种不同大小 $n\times n(n=3，5，7)$ 的小数据块作为训练和测试样本，用 ELM 算法的得到实验结果见表 9.3。由表可见，对于相同的实验数据，提取不同大小的数据块做实验样本，实验结果没有明显差别，其中训练时间上的差异是因训练样本总数的不同导致。

表 9.3　　　　　　　　　　不同大小样本数据块的实验结果

样本大小	样本总数	训练正确率	训练时间（s）	测试识别率	测试时间（s）
3×3	42012	0.9617	7.4375	0.9456	0.25
5×5	16389	0.9601	2.9531	0.9347	0.0781
7×7	8824	0.9521	1.6875	0.9303	0.0625

经过计算，在识别过程中的其余三个阶段，提取 3×3 数据块的特征样本的测试正确率略高于 5×5 和 7×7 数据块特征样本的实验结果，但不同大小的数据块的特征样本对实验结果的影响不明显。因此，在后续的实验中，提取 3×3 数据块为作为实验样本。

2. 不同激励函数的 ELM 算法实验

在 ELM 算法中，常用的激励函数有 Sigmoid、Sine、Hardlim、Trangular basis 和 Radial basis 等。对这些激励函数，以大小为 3×3 的样本进行训练和测试，隐层神经元个数为 500 时，在实验第一阶段的计算结果见表 9.4。可见，在本试验中，设置不同激励函数对 ELM 算法实验结果的影响不大。经验证，在其余三个阶段的实验结果与此类似。因此，在后续的实验中，将以常用的 Sigmoid 函数作为 ELM 算法的激励函数。

表 9.4　　　　　　　　　　不同激励函数的实验结果

激励函数	训练正确率	训练时间（s）	测试识别率	测试时间（s）
Sigmoid	0.9583	6.8125	0.9401	0.3281
Sine	0.9603	7.25	0.9390	0.3594
Hardlim	0.9504	7	0.9356	0.1563
Triangular basis	0.9617	7.4375	0.9456	0.25
Radial basis	0.9624	7.2188	0.9430	0.3125

3. 隐层神经元不同个数的实验

以样本数据块大小为 3×3，激励函数为 Sigmoid，对 ELM 算法中的隐层神经元参数取不同个数进行实验，实验结果见表 9.5。由表可见，隐层节点个数为 500 时，测试识别率达到最高。当隐层节点数增加到 700、1000、2000 时，训练时间分别为 12.4、23.6、91.9s，但测试识别率与 500、700、1000 个隐层节点的情形相同。经进一步验证，在其余三个阶段的实验结果与此类似。因此，选择隐层节点数为 500 是合适的。

表 9.5 隐层神经元不同个数的实验结果

隐层节点数	训练正确率	训练时间（s）	测试识别率	测试时间（s）
20	0.8522	0.0781	0.8473	0
50	0.9410	0.2031	0.9294	0.0313
80	0.9375	0.4688	0.9331	0.0469
100	0.9439	0.75	0.9352	0.0468
200	0.9529	1.5781	0.9393	0.0938
500	0.9617	7.4375	0.9457	0.25
700	0.9639	12.4063	0.9426	0.2813
1000	0.9670	23.5625	0.9471	0.4063
2000	0.9718	91.9375	0.9456	0.7969

9.6.2 实验结果与分析

根据上述对 ELM 算法的分析，在 ELM 算法实验中，取样本数据块大小为 3×3，激励函数为 Sigmoid，隐层神经元个数取 500；BP 算法实验中，隐层神经元个数为 500，迭代次数上限为 1000。SVM 算法实验中，采用 Matlab 环境中相应函数的默认选项（如核函数取线性核函数，惩罚因子取 1）。

第一阶段任务是识别破坏事件与非破坏事件，实验结果见表 9.6。实验结果表明 ELM 算法在测试准确率上明显好于 BP 和 SVM 算法，且训练时间大大缩短。

表 9.6 第一阶段的实验结果

方法	训练正确率	训练时间（s）	测试识别率	测试时间（s）
BP	0.8877	51.2344	0.8847	0.1563
SVM	0.8450	26.5938	0.8195	3.5625
ELM	0.9617	7.4375	0.9456	0.25

第二阶段任务是在第一阶段识别出破坏事件的前提下，识别破坏事件类型，即挖掘机挖掘还是人工挖掘事件，实验结果见表 9.7。该实验结果表明三种算法对两种破坏事件的正确识别率都较高。

表 9.7 第二阶段的实验结果

样本大小	训练正确率	训练时间（s）	测试识别率	测试时间（s）
BP	0.9722	27.6406	0.9696	0.0938
SVM	0.9950	3.875	0.9844	0.5156
ELM	0.9990	3.75	0.9957	0.0781

第三阶段任务是在第一阶段识别出是非破坏事件的基础上，识别是否为噪声事件，实验结果见表 9.8。由表可见，ELM 算法的测试识别率显著高于 BP 和 SVM 算法，且相较于 BP 算法，ELM 算法的训练时间上也有较大优势。

表 9.8   第三阶段的实验结果

样本大小	训练正确率	训练时间（s）	测试识别率	测试时间（s）
BP	0.9261	26.9531	0.9200	0.1094
SVM	0.8465	3.2813	0.8866	0.4688
ELM	0.9670	3.5	0.9573	0.1406

第四阶段任务是在第三阶段识别出不是噪声的前提下，识别是否汽车走动还是人员走动事件，实验结果见表 9.9。在此阶段，ELM 算法在正确识别率仍然高于其余二者。

表 9.9   第四阶段的实验结果

样本大小	训练正确率	训练时间（s）	测试识别率	测试时间（s）
BP	0.9555	4.7344	0.9569	0.0156
SVM	0.9644	0.1406	0.9492	0.0469
ELM	0.9981	0.7344	0.9923	0.0156

图 9.13 是三种算法的实验结果对比图。该实验结果表明 ELM 算法在各阶段的正确识别率都高于 BP 和 SVM 算法。

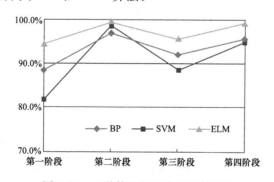

图 9.13 三种算法的正确识别率对比

综上所述，根据光纤振动信号识别过程如图 9.12 可得，各类事件的识别率应为各阶段测试识别率的乘积，各类事件的识别时间应为各阶段测试时间之和。由此可得各类事件的识别率和测试时间，计算结果见表 9.10。

表 9.10   对各类事件的测试识别率及时间

方法	测试项目	挖掘机挖掘或人工挖掘	汽车行走或人员行走	噪声
BP	测试识别率	0.8578	0.7787	0.8140
	测试时间（s）	0.25	0.2813	0.2656
SVM	测试识别率	0.8067	0.6897	0.7266
	测试时间（s）	4.0781	4.0782	4.0313
ELM	测试识别率	0.9415	0.8983	0.9052
	测试时间（s）	0.3281	0.4062	0.3906

小　　结

光纤振动信号的随机性、非平稳性以及某些入侵事件信号与非入侵事件信号的相似性，致使光纤振动信号识别具有较大的不确定性，容易产生误报现象。因此，基于光纤振动安防监测系统的关键是准确识别不同的光纤振动事件，这就需要研究确定描述不同事件的本质特征，以及高识别率的识别方法。

光纤振动信号的特征提取方法有三种，分别是基于小波分解的方法、基于其他分解模型的方法，以及提取信号波形图统计特征的方法。三种方法各有其特点，以基于小波分解的特征提取方法最为常见。但是，由于信号的峰值、功率谱和频带能量等特征容易受到高斯噪声的影响，在小波方法处理中存在模糊提取和线性稳态的缺陷；小波分析方法虽能得到信号的细节变化，但其实质仍是一种窗口可调的傅里叶变换，没有摆脱傅里叶变换的束缚，在实际应用中缺乏自适应性，且当数据量比较大时这种处理方法的计算量较大。

光纤振动信号的识别方法也可分为神经网络方法、经验阈值识别法及支持向量机方法，采用经验阈值法和神经网络方法识别为主，经验阈值法有其固有的不足，即自适应性差。神经网络识别方法的识别率较高，随着计算机计算速度的进一步提高，深度学习技术的不断发展，这种方法将成为未来发展的趋势。因此，为应用深度学习方法，需要有效地特征提取方法。文献[18]通过可视化分析时间—过零率、时间—能量的视图提出一种新的特征提取方法，这是一种不同于现有方法的新思路，以及模拟生物视觉系统处理数据的方式，有望成为应用于深度学习识别的特征提取方法。

对于光纤振动信号的识别，面临的问题除了特征提取和识别方法之外，对更多更广泛的入侵事件类型的研究也是重要研究课题，包括搭建真实的实验环境、实验数据的采集、对信号的去噪声和分段（帧）的预处理等，以及进一步提高特征提取方法及识别方法的泛化能力，最终得到适合于各种入侵事件的特征提取和识别的通用方法。这诸多问题仍有待解决。

在对五种事件的光纤振动信号进行可视化分析、大量探索和计算的基础上，提出一种适用于区分不同事件信号的本质特征的方法，即分别在光纤振动信号的过零率和能量数据中，选取以中心数值大于阈值的 3×3 大小的数据块作为实验样本，二者结合作为特征向量。同时，采用二分类任务决策树模型，应用快速的 ELM 算法，分四个阶段完成识别任务。与 BP 和 SVM 算法相比，提高了正确识别率，并大大缩短模型训练时间。

此外，作者尝试应用 ELM 算法进行多分类，以及将过零率、能量及其包络、快速傅里叶变换参数结合起来作为特征向量进行事件识别，但实验结果都不理想，下一步将在组织实施更多实验基础上，对更多的光纤振动事件类型（如雨滴下落、大风事件以及复合振动等）进行分析探索，提高算法的抗干扰能力。

参　考　文　献

[1] 周正仙，肖石林，仝芳轩．基于 M-Z 干涉原理的定位式光纤振动传感器 [J]．光通信研究，2009，155（5）：67-70．

[2] 朱程辉，瞿永中，王建平．基于时频特征的光纤周界振动信号识别 [J]．光电工程，2014，41（1）：16-22．

[3] 周正仙，段绍辉，田杰，等．分布式光纤振动传感器及振动信号模式识别技术研究 [J]．光学仪器，2013，35（6）：11-15．

[4] 杨正理．采用小波变换的周界报警信号辨识 [J]．光电工程，2013，40（1）：84-89．

[5] Hussain Z M, Boashash B. Adaptive instantaneous frequency estimation of multi - component FM signals using quadratic time frequency distributions [J]. IEEE Transactions on Signal Processing, 2002, 50 (8): 1866 - 1876.

[6] De Vries J. A low cost fence impact classification system with neural networks [C]. Proceedings of IEEE 7th Africon Conference in Africa, 2004: 131 - 136.

[7] 万遂人，彭丽成．安防系统光纤信号特征提取与分类算法研究 [J]．科技导报，2012，30（36）：24-28．

[8] 饶云江，吴敏，冉曾令，等．基于准分布式 FBG 传感器的光纤入侵报警系统 [J]．传感技术学报，2007，20（5）：45-49．

[9] Jiang Lihui, Liu Xiangming, Zhang Feng. Multi - target recognition used in airpoty fiber

fence warning system [C]. Proceeding of the Ninth International Conference Oil Machine Learning and Cybernetics, Qingdao, China, 2010: 1126 - 1129.

[10] 赵杰，丁吉，万遂人，等. 全光纤安防系统模式识别混合编程的实现 [J]. 东南大学学报：自然科学版, 2011, 41 (1)：41 - 46.

[11] 罗光明，李枭，崔平贵，等. 分布式光纤传感器的周界安防入侵信号识别 [J]. 光电工程, 2012, 39 (10)：71 - 77.

[12] 喻骁芒，罗光明，朱珍民，等. 分布式光纤传感器周界安防入侵信号的多目标识别 [J]. 光电工程, 2014, 41 (1)：36 - 41.

[13] 杨正理，孙书芳. 基于小波能量熵的光纤周界安防系统信号识别 [J]. 光电子·激光, 2016, 27 (12)：1328 - 1333.

[14] 李凯彦，赵兴群，孙小菡，等. 一种用于光纤链路振动信号模式识别的规整化复合特征提取方法 [J]. 物理学报, 2015, 64 (5)：243 - 249.

[15] 朱程辉，王建平，李奇越，等. 基于时频特征的光纤周界入侵振动信号识别与定位 [J]. 中国激光, 2016, 43 (6)：301 - 309.

[16] 陶沛琳，延凤平，刘鹏，等. 基于 Mach - Zehnder 干涉仪的光纤入侵行为识别系统 [J]. 量子电子学报, 2011, 28 (2)：183 - 190.

[17] 王思远，娄淑琴，梁生，等. M - Z 干涉仪型光纤分布式扰动传感系统模式识别方法 [J]. 红外与激光工程, 2014, 43 (8)：2613 - 2618.

[18] 邹柏贤，苗军，许少武，等. 基于 ELM 算法的光纤振动信号识别研究 [J]. 计算机工程与应用, 2017, 53 (16)：126 - 133.

[19] 蒋立辉，盖井艳，王维波，等. 基于总体平均经验模态分解的光纤周界预警系统模式识别方法 [J]. 光学学报, 2015, 35 (10)：52 - 58.

[20] 张燕君，刘文哲，付兴虎，等. 基于 EMD - AWPP 和 HOSA - SVM 算法的分布式光纤振动入侵信号的特征提取与识别 [J]. 光谱学与光谱分析, 2016, 36 (2)：577 - 582.

[21] 毕福昆，周良欣，李雪莲. 基于基音特征分析的光纤振动信号识别算法 [J]. 北方工大学报, 2017, 29 (2)：39 - 44.

[22] 盛智勇，张新燕，王彦平，等. 光纤振动信号特征提取及线性分类方法 [J]. 光电子·激光, 2018, 29 (7)：760 - 768.

[23] Liang Wang, Yubin Guo, Tiegang Sun, et al. Signal recognition of the optical fiber vibration sensor based on two - level feature extraction [C]. Proceedings of 8th International Congress on Image and Signal Processing, 2015: 1484 - 1488.

[24] Seedahmed S M, Jim K. Elimination of rain - induced nuisance alarms in distributed fiber optic perimeter intrusion detection systems [C]. Proceedings of the International Society for Optical Engineering, 2009, 7316 (04)：1～11.

[25] Mahmoud S S, Katsifolis J. Robust event classification for a fiber optic perimeter intrusion detection system using level crossing features and artificial neural networks [C]. Proceedings of the International Society for Optical Engineering, 2010, 7677 (08)：1 - 12.

[26] Seedahmed S Mahmoud, Yuvaraja Visagathilagar, Jim Katsifolis. Real - time distributed fiber optic sensor for security systems: performance, event classification and nuisance mitigation [J]. Photonie Sensors, 2012, 2 (3)：225 - 236.

［27］吕卫强，黄荔．基于短时能量加过零率的实时语音端点检测方法［J］．兵工自动化，2009，28（9）：69-70，73.

［28］Guang‑Bin Huang，Qin‑Yu Zhu，Chee‑Kheong Siew. Extreme learning machine：a new learning scheme of feedforward neural networks［C］．Proceedings of 2004 IEEE International Joint Conference on Neural Networks，2004，2：985-990.